Kuaisi Manxiang

尹晓峰◎编著

快思慢想

"快思"与"慢想"是我们头脑中的两位主角。
它们偶尔针锋相对，但更多的时候则相互弥补、并肩作战。

中国华侨出版社

图书在版编目（CIP）数据

快思慢想 / 尹晓峰编著 . —北京：中国华侨出版社，2013.8

ISBN 978 - 7 - 5113 - 3831 - 0

Ⅰ.①快…　Ⅱ.①尹…　Ⅲ.①思维方法 - 通俗读物　Ⅳ.①B804 - 49

中国版本图书馆 CIP 数据核字（2013）第 180991 号

● 快思慢想

编　　著/尹晓峰

责任编辑/棠　静

封面设计/智杰轩图书

经　　销/新华书店

开　　本/710mm×1000mm　1/16　印张 16　字数 220 千字

印　　刷/北京一鑫印务有限责任公司

版　　次/2013 年 10 月第 1 版　2019 年 8 月第 2 次印刷

书　　号/ISBN 978 - 7 - 5113 - 3831 - 0

定　　价/32.00 元

中国华侨出版社　　北京朝阳区静安里 26 号通成达大厦 3 层　　邮编 100028

法律顾问：陈鹰律师事务所

编辑部：（010）64443056　　64443979

发行部：（010）64443051　　传真：64439708

网　　址：www.oveaschin.com

e- mail：oveaschin@ sina.com

　　有科学研究表明，当我们遭遇某种情况或是处于高风险境况之中，事态复杂多变而亟需在短时间内掌控林林总总的信息时，我们的大脑会以截然不同的两种策略去整理、判断当时的情况，并为我们下一步的行动传达指令。第一种策略，是一种有意识的思维活动，这需要我们思考以往的人生积累，借助经验与外界指示，去设法找出问题的解决之道。这种策略相对来说有章有法，井然有序，稳重求进，不足之处是缓不济急，而且它需要我们做大量的准备，甚至是一个较长时间的过程。在这里，我们且称之为"慢想"。

　　第二种策略是一种潜意识的运作，它有时是一种创意性的决断，有时是临场的机变，有时是灵感的闪现。它迅捷且敏锐，几乎能够在第一时间发现问题的关键。在这里，我们且将其称之为"快思"。但客观地说，这种决断确实存在着一定的风险。

　　于是大多情况下我们都会认为，只有搜集的信息资料越多、思考的过程越长、考虑得越周到，对我们而言帮助就会越大。因而，我们之中的大多数人只信赖那些有意识的决策——慢想。

　　但事实上，在人生中的某些时刻尤其是紧急的情况下，我们的瞬间判断与第一印象，亦是我们对周遭状况作出反应的良好依据，甚至较之经过深思熟虑后作出的判断，它也丝毫不落下风！

　　在学术界，科学家们将这种"大脑以跳跃方式获取结论"的过程，称之为适应潜意识运用。这种潜意识在我们的日常生活中时常会表现出来，譬如说我们初遇某人的第一印象，求职时的临场发挥，被迫快速作出的决定，等等。事实上，我们人类之所以能够生存至今，就得益于我们的大脑中存在着两种决策机制——快思与慢想。在人生的关键时刻，它既可以令我们未雨绸缪、深谋远虑，有计划、有步骤地去实现自己的目标，也可以帮助我们迅速反应、当机立断，只凭借有限的资讯一瞬间拍板定案。

显而易见，"快思"与"慢想"是我们头脑中的两位主角。它们偶尔针锋相对，但更多的时候则相互弥补，并肩作战。

那么，我们何时应该相信一瞬间的判断？何时又要召唤理性登台，控制直觉与偏见？事实上，这是个很值得研究的问题，因为我们总以为自己能够驾驭思考，但结果是我们常常受到未知因素的影响，对思考的准确性充满假设与武断，有时又过分依赖昔日的感知和经验，因而常常作出因个人偏见而导致的错误决策。

基于此，如果我们还希望自己能够变得更加聪明、更加冷静、更加机智，那就一定要学会"快思"与"慢想"的游戏规则。

笔者编写此书的目的，就是希望能够与大家共同探讨一下，在人生中的哪些时刻、哪些场景下我们需要"快思"，抓住那稍纵即逝的灵感；而在哪些事件上、哪些决定中我们又需要"慢想"，稳稳妥妥地去完成自己的人生大计。事实上，本书并不是那种一板一眼的、以学术性口吻探讨思维训练的文章，很显然我们更愿意借助那些寓意深刻的案例，以通俗干练的语言，与大家完成这次探讨。

目录

▶ 千钧一发！你必须迅速反应

当我们遭遇某种情况或是处于高风险境况之中，事态复杂多变而亟需在短时间内掌控林林总总的信息时，我们的大脑会以截然不同的策略去整理、判断当时的情况，并为我们下一步的行动传达指令。其中一种潜意识的运作，它有时是一种创意性的决断，有时是临场的机变，有时是灵感的闪现。它迅捷且敏锐，几乎能够在第一时间发现问题的关键。在这里，我们且将其称之为"快思"。但客观地说，这种决断确实存在着一定的风险。

机遇，绝不允许你扯皮

人在囧途之破囧

第一时间"化险为夷"

▶ 一张一弛，咱也要稳中求妥

接下来的篇章，我们要讲的是另一种大脑运作，这是一种有意识的思想活动，这需要我们思考以往的人生积累，借助经验与外界指示，去设法找出问题的解决之道。这种策略相对来说有章有法，井然有序，稳中求进，不足之处是缓不济急，而且它需要我们做大量的准备，甚至是一个较长时间的过程。在这里，我们且称之为"慢想"。"快思"与"慢想"其实是我们头脑中的两位主角。它们偶尔针锋相对，但更多的时候则相互弥补，并肩作战。如果说，我们还希望自己能够变得更加聪明、更加冷静、更加机智，那就一定要学会运用"快思"与"慢想"的思维规则。

心细的人容易创造奇迹

千钧一发！你必须迅速反应

当我们遭遇某种情况或是处于高风险境况之中，事态复杂多变而亟需在短时间内掌控林林总总的信息时，我们的大脑会以截然不同的策略去整理、判断当时的情况，并为我们下一步的行动传达指令。其中一种潜意识的运作，它有时是一种创意性的决断，有时是临场的机变，有时是灵感的闪现。它迅捷且敏锐，几乎能够在第一时间发现问题的关键。在这里，我们且将其称之为"快思"。但客观地说，这种决断确实存在着一定的风险。

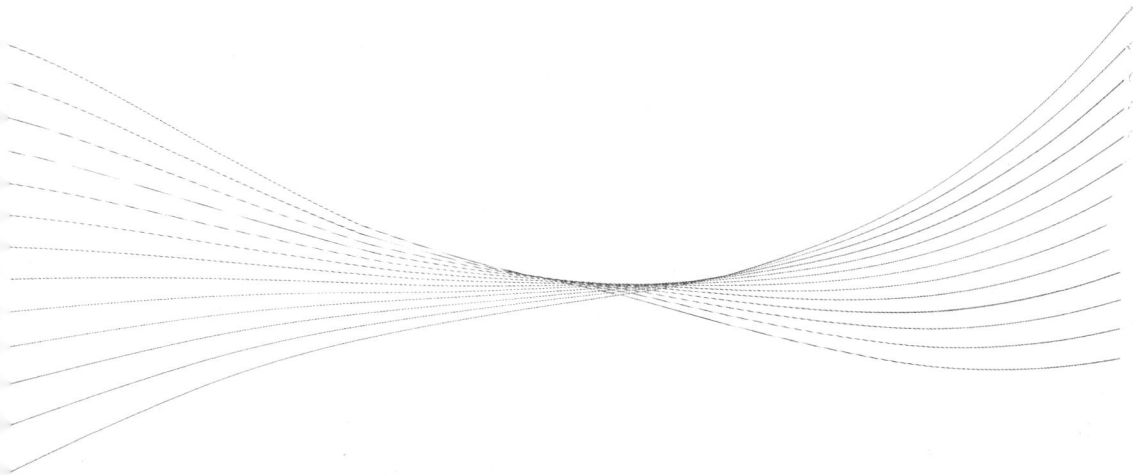

机遇，绝不允许你扯皮

还记得《大话西游》中的那句话吗？——"曾经有一段真挚的爱情摆在我的面前，我没有珍惜，等我失去的时候，我才后悔莫及……"爱情需要机遇的成全，人生更是离不开机遇的成就。然而，机遇它总是来也匆匆、去也匆匆，从不为任何散漫的人稍作停留。这就要求我们在机遇面前打起十二分的精神，让大脑飞快地转动起来，力求做到快、准、狠，将机遇牢牢抓在手中。否则，你也会像电影中的至尊宝一样，空叹后悔莫及。

❖ 机遇绝不允许你扯皮

坊间流传着这样一句话——"夜莺声音好听换不来饭吃，与其有时间号叫，不如去磨爪子。号叫如果能得到食物，那么驴一定比狼还厉害。"这话虽然诙谐，但却颇有道理。天上不会掉馅饼，想要寻得机遇，改变我们的生存状况，那么最重要的就是迅速思考、迅速行动，如果说我们坐等机遇来临，那无异于坐以待毙。

在自然界中，那些捕猎者的思想绝不允许自己坐等时机，因为没有哪一种猎物会傻到将自己送入他者的口中，如果守株待兔，那么它们就只能饿死。所以，捕猎者们一生都在寻找捕食的机遇，从不停歇。其实，我们人界的捕猎者也是一样，那些胸怀大志、想要成就一番大事业的人，他们的思维总是在快速地运转，总是竭尽所能去寻找、发现、追求机遇，他们会为迎接机遇做好充足的准备，将自己打造成一块吸引机遇的磁石。这样，当机遇不期而至之时，他们才有把握一跃而起，紧紧地抓住机遇。因为他们知道，一个偶然的机遇，甚至可以改变人的一生，但如果你忽略机遇的重要性，不紧不慢地跟它扯皮，那就只能被它遗弃。

其实在很大程度上，思想就是机遇，能力就是机遇，有机遇而不懂得快速作出反应，有机遇而无能力，这也只会错失良机，改变人生又从何谈起？有些人总是能够抓住机遇，而有些人却总是与机遇擦肩而过，其原因就在于此。

那么我们不妨分析一下，究竟哪些人不易得到机遇的青睐？

一、守株待兔者没有机遇

懒汉实际上是把生命当成一种负担来应付，他们懒于思考，对于任何事物都缺乏兴趣，这样的人即使机遇走上门来也会被他们关在门外的。

热衷于等待的人总是把希望寄托在明天，等明天吧！明天也许会更好，而明日复明日，明日何其多？从黑发少年等到白胡子老人，最后等来的只能是南柯一梦。把等待作为应付生命的手段，其本质就是懒惰。看见一只兔子偶然撞死在树桩，于是就放弃了劳作，以为整天守在那里机遇就可以降临了，这种守株待兔的心态是懒汉们的共性。

二、人缘差者没有机遇

获得机遇需要勤奋，但是仅仅勤奋是不够的，同时还要有极强的人际交往能力。俗话说：好马出在腿上，好汉出在嘴上。一个不善思考、不善于人际交往的人，就可能会失去很多机遇。如果我们仔细观察就会发现：那些成功的人士大多数都是应变能力极强、有好人缘的人。在现在这个竞争激烈的社会中，尤其需要多方面展示自己的才能，表现自己的能力，开拓更广泛的社会范围。如果一个人不善于推销自己，缺少朋友，自己的生活范围就会越来越狭窄，信息也很闭塞，那么势必要失掉许多适合于自己发展的机遇。

三、惧怕失败者没有机遇

畏惧失败和缺少自信心是相伴而生的。畏惧失败的人本身就缺少自信，没有自信自然也就害怕失败。

俗话说，失败乃成功之母。其实失败是人生不可避免的考验，任何人都不可能没有经历过失败。要想取得成功，就必须勇于面对失败，如果畏惧失败，就难以越过失败这道屏障去取得成功。

在体育项目中有一项是障碍跑，在途中，要越过独木桥，翻越沟壑，还要爬过高墙。对于参与者而言，每一道障碍都潜在着危险，存在着失败的可能。但是，不越过这些障碍就永远不能抵达胜利的终点。在人生的道路上也是一样，机遇也许就在障碍的那一端，如果我们缩手缩脚不敢前进，就永远不能同机遇见上一面。

四、白日做梦者没有机遇

有这样一个故事，一个年轻人去公司应聘，公司负责人告诉他只招聘助理，月薪三千。年轻人不屑一顾："我很早就开始打工了，我的前一份工作是在一个网站任总编，月薪一万！你说，我能干你这月薪三千块钱的工作吗？"

一个老板曾经说过这样的话："如果你想要毁掉一个人，你就给他高薪，高得让他自己都摸不着北，然后你再以小河难养大鱼为借口，委婉地劝他另谋高就。他一旦离开你的公司，这个人就什么也干不了了。"

不切实际的空想家即使面对许多发展的机遇，也会被他眼高手低的标准衡量掉的。

五、漫无目标者没有机遇

我们再来看看这个哲理故事：一个孩子和他的父亲在雪地里比赛谁走得路线最直，于是孩子把自己的一只脚对准另一只脚尖，谨小慎微地往前走，他费了好大劲走了半天，还是不直。可是他的父亲却是大步流星地直奔一棵大树走去，结果可想而知，父亲的足迹是一条既简洁又笔直的路线。漫无目的的人，即使再修饰自己的足迹，终究是徘徊在一个小圈子里无所作为，只有直奔目标的人才能够把握住机遇，走向辉煌的前程。

我们都曾有过这样的体会：在临近考试的时候，我们的精力似乎特别旺盛，我们的记忆力也好得出奇，在短短的时间内我们就可以记住很多单词，掌握很多内容。可是在平时，无论怎么努力，学到的知识总是不理想。这就是有目标和没有目标的区别。当我们面临考试时，考试成了我们唯一的目标，此时的大脑可以调动全身心的能量来为考试而努力，所以这个时候的学习效果非常好。

六、见异思迁者没有机遇

人有一个最大的弱点，总是容易被外界环境所影响，被一些诱惑所左右。本来一个人练习书法很投入，可是看见朋友们在学画画，于是放弃了自己正在做的事情，盲目追逐别人的喜好去了。

广告效应其实正是利用了人们的这一弱点，对人们展示了诸多的诱惑，结果人们往往就被广告所左右。就拿饮料来说，其实自己喝的茶水就是最好的饮料，可是一听商家宣传这种饮料的营养，那种饮料的药用，久而久之抵挡不住诱惑，于是扔掉了茶杯，拿起了饮料。喝来喝去又听专家断言：那些饮料还不如白开水干净。于是后悔不已。转了一圈，白白扔了许多钱财，糟践了身体，最后还得拾起自己扔掉的茶罐子。见异思迁者即使在机遇来临之时，也首鼠两端，干什么才好呢？犹豫当中，机遇就弃他而去了。

总而言之，机会是有"怪癖的"，它也很"懒惰"，它绝不肯浪费精力去寻找那些守株待兔、不爱思考、坐享其成的人；换而言之，那些一心想要改变自己的人生、不断做出思考、四处寻找机遇的人，往往更容易得到机遇的垂青。若以"常理"推论，机遇似乎更应属于那些有时间、有精力的人，但事实却恰恰相反，天生的"怪癖"使它情愿为那些正在筹备梦想、忙于计划的人而现身。机遇是一种"灵物"，它双眼雪亮、行动迅速，它会主动找到那些愿意迎接机会的人；机遇是一种意念，它只存在于那些认清机会的人心中。

机遇戴着一层神秘面纱，但绝非无法参透和洞悉。善于思考的人更善于一边经营生活、经营人生、经营家庭，一边捕捉身边的每一条信息，寻找足以令自己取得飞跃或成功的机遇。若是时机尚未成熟，他们便暗蓄力量、厚积薄发，低调营造着自己的生活；可一旦时机成熟，他们必然会牢牢抓住机遇，顺势而上，将自己的人生、事业推向巅峰。

❖ 一瞬间的畏缩，或许就是一辈子的遗憾

记得乔叟曾经说过这样一句话："每个人都有一个好运降临的时候，不能领受；但他若不及时注意，或竟顽强地抛开机遇，那就并非机缘或命运在捉弄他，这归咎于他自己的疏懒和荒唐；我想这

样的人只好抱怨自己。"的确是这样，机遇对于每个人而言都是平等的，关键在于，当机遇来临时，我们采取何种态度去应对它。

我们先来看看下面这个故事，相信它会让我们有所领悟。

据说有一个人，在某天晚上碰到了上帝。上帝告诉他，有大事要发生在他身上了，他有机会得到很多的财富，他将成为一个了不起的大人物，并在社会上获得卓越的地位，而且会娶到一个漂亮的妻子。

这个人终其一生都在等待这个预言的实现，可是到头来什么事也没发生。

这个人穷困潦倒地度过了他的一生，最后孤独地死去。

这时他又看到了上帝，他很气愤地对上帝说："你说过要给我财富、很高的社会地位和漂亮的妻子的，可我等了一辈子，却什么也没有，你在故意欺骗我！"

上帝回答他："我没说过那种话，我只承诺过要给你机会得到财富、一个受人尊重的社会地位和一个漂亮的妻子，可是你却让这些机会从你身边溜走了。"

这个人迷惑了，他说："我不明白你的意思。"

上帝回答道："你是否记得，你曾经有一次想到了一个很好的点子，可是你没有行动，因为你怕失败而不敢去尝试？"

这个人点点头。

上帝继续说："因为你没有去行动，这个点子几年后给了另外一个人。那个人一点也不害怕地去做了，你可能记得那个人，他就是后来变成全国最有钱的那个人。还有，一次城里发生了大地震，城里大半的房子都毁了，好几千人被困在倒塌的房子里，你有机会去帮忙拯救那些存活的人，可是你害怕小偷会趁你不在家的时候到你家里去打劫、偷东西？"

这个人不好意思地点点头。

上帝说:"那是你去拯救几百个人的好机会,而那个机会可以使你在全国得到莫大的尊敬和荣耀啊!"

上帝继续说:"有一次你遇到一个金发蓝眼的漂亮女子,当时你就被她强烈地吸引了,你从来不曾这么喜欢过一个女人,之后也没有再碰到过像她这么好的女人了。可是你想她不可能会喜欢你,更不可能会答应跟你结婚,因为害怕被拒绝,你眼睁睁地看着她从身旁走了。"

这个人又点点头,可是这次他流下了眼泪。

上帝最后说:"我的朋友啊!就是她!她本来应是你的妻子,你们会有好几个漂亮的小孩;而且跟她在一起,你的人生将会有许许多多的乐趣。"

这个人无言以对,懊恼不已。

读到这里,大家有没有一些感同身受的滋味?其实我们身边每天都会围绕着很多的机会,包括爱的机会。可是我们经常像故事里的那个人一样,总是因为害怕而停止了脚步,结果机会就这样偷偷地溜走了。现在我们应该明白这样一个道理:只有及时抓住机会的人,才能取得人生的成功;而在有准备的人眼中,抓住机会努力改变自己,更多的机会就会出现于眼中。

机会只留给有准备的人,这句话大家都不陌生,然而我们又往往因为害怕失败而不敢尝试,因为害怕被拒绝而不敢跟他人接触,因为害怕被嘲笑而不敢跟他人沟通情感,因为害怕失落的痛苦而不敢对别人作出承诺。于是,我们一次又一次与机遇失之交臂。

其实我们并不想这样,我们和所有人一样渴望成功,我们也愿意"付出",只是,当机遇真正来到面前时,我们那一瞬间的畏缩,又让我们荒废了之前很多的努力。如今,我们生活在一个充满机遇的时代，改革开放以来，经济建设的飞速发展给了我们很大的自由发展空间。在这种良好的环境下，我们需要向自己灌输这样一种意识——机遇与挑战并存。这包含着两层意思：

我们在面对机遇的同时，也不可避免地要面对挑战；

挑战的背后，通常就是一个机遇，或者说我们敢于应对的挑战越大，有可能获得的机遇也就越大。

站在这个角度上说，我们就很有必要调控一下自己的懦弱性格，因为有了这份担当，敢于去应对挑战，也就意味着我们与机遇结下了缘分；相反，倘若我们在挑战面前总是唯唯诺诺、裹足不前，我们就会因为害怕挑战而失去机遇。谁都知道，能否把握机遇是决定人生能否成功、是否如意的关键。我们能用一种积极进取的态度对待生活，应对挑战，我们的人生就会得到提升。机会不等人，千万不要让它从你指缝中溜走，否则你就会一事无成。

❖ 谁对信息快速反应，信息就会成全谁

我们所处的 21 世纪是一个信息高度发达的时代，许多机遇就存在于信息之中，而"信息"俨然也成了各种书籍与媒体使用频率最高的词汇之一，"信息化浪潮"、"信息经济"、"信息技术"等词语不断闪现在我们眼前。在人们的交往过程中，拥有信息的多少已然成为机会和财富的象征，掌握信息的人往往显得更有能力，更易成为人们瞩目的焦点。因为有了信息的积累，思路就会随之拓宽，就有可能掌握到更多的知识。

"信息爆炸"给人们带来了无穷的机会，可以说在当今社会中，

谁获取的信息最多，谁就是这个社会的成功者。因为每一条信息都会为我们开启一扇机会之门，使我们通向成功。

我们来看看下面这个故事，应该会对大家有一定的启发：

哈默在 16 岁时，已决定不再向家里要钱，自己开始挣钱了。一天他在大街上散步，看中一辆标价 185 美元的双人敞篷汽车，而这笔钱对他不是个小数目。突然他想起两天前曾在一则广告中看到一家工厂找人送圣诞糖果的启事，现在买下这辆车，不正好去应聘那份工作吗？想到这里，他马上找到哥哥借了钱，买下了这辆车，并立即与那家工厂联系，接手了那份工作，为一位富商送圣诞糖果。两周后，他还清了哥哥的钱，自己也有了些小钱。第一次生意给他很多启示，他认识到，只要留心生活中的每一个小的现象，并利用好这种很小的信息，再加上努力工作，就能获得大多数自己想要的东西。

哈默在大学学习期间，父亲让他帮忙管理一个濒于破产的制药厂，同时父亲要求他不要放弃学业，将经商与学习结合起来。他接受了这个充满挑战的机会。18 岁的他贷款买下了药厂合伙人的全部股份，掌握了药厂的实权，同时，大胆改革药厂的经营方针。经过一番苦心经营，在大学毕业前，他已是拥有百万美元的大学生富翁了。

或许有些朋友会对此提出异议，认为自己远不如那些商业巨子聪明，对信息的反应也不如他们敏感，面对信息社会甚至有些无所适从。其实，这都是次要因素，每个人的智商都相差无几，事在人为，只要方法得当，我们根本就不会再感到茫然，我们也能拥有敏锐的眼光，在沙子中找到金子。我们既然生活在这样一个信息社会，就应该学会培养自己迅速接收信息和处理信息的能力，为自己铺设多条成功的道路。

　　在充满信息的社会中，对信息的收集与整理是一个学习过程。当我们的知识积累到一定程度之后，我们就会具有不同寻常的理解力和智慧，就可以透过现象抓住本质。信息也就是平时积累的材料，通过我们不断地积累，再与生活两相对照，我们就会发现哪些材料是有价值的，哪些是毫无用处的，这样信息就成了我们的有用资源。所以，收集信息是很关键的一步。

　　当信息储存到一定程度的时候，我们要注意它们的相关性，也许单个的信息没什么用处，一结合起来，就有了很高的价值。这就要对收集来的信息进行分析，这不但是一个清理思路的过程，有时甚至可以发现信息外的一些信息，使我们获得意想不到有价值的信息。

　　其实学习就是在智力上的自我准备，不论上中等的职业学校课程，还是理论或应用科学的普通课程，都会是开启我们智慧之门的钥匙。在具备了基本的知识之后，进一步以经验为指导，信息所发挥的功能就会是巨大的。所以学习也就是把知识作为一种长久的信息储存起来。

　　比尔·盖茨在投身软件业时，联系自己编写软件、操作系统、语言、应用程序等方面的丰富知识，再加上所获得的个人软件行业在市场中仍然很薄弱的信息，于是取得了成功。

　　如果我们主观上缺乏准备，头脑中完全没有捕捉信息这根弦，那么就是将有用的信息送到你的面前，也会白白地溜掉。我们常见到这样的情形：有些人天天看报纸、听广播、看电视，但是他们从未发现任何有价值的信息。他们对信息毫不敏感的原因，在于缺少捕捉信息的意识和紧迫感，通常也懒于去整理自己每天所看到的信息。所以，我们必须树立常抓不懈并多方收集信息的意识，使自己成为捕捉信息和机遇的有心人。

但信息本身千姿百态，有的属于虚假的表象，能阻挡一般人的视野；有的属于无关紧要的细枝末节，容易被一般人所忽视。我们应该保持清醒的头脑，学会辨真识伪，让信息为己所用，才能有助于我们拓宽思路。

有话说得好："细节决定命运。"机遇往往就存在于某个细微的信息之中，但它不会主动投怀送抱。所以，当你失去机遇时，不要埋怨，因为它一直就在那里，公平而又客观，只是你未能发现而已。

❖ 临场能应对，把握职场机遇

很多朋友总是得不到机遇，于是他们总是抱怨命运女神厚此薄彼，将人生中的不顺、事业上的失败，归咎于机遇冷待自己。事实上，机遇对所有人都一视同仁，一如阳光普照大地，而能否最大限度地利用这份光和热，则完全取决于我们自己。

在这个年代，像我们一样外出谋生而四处寻找机遇的人到处都是，但并不是每个人都能做出一番成就。有些人之所以成功了，最重要的原因在于他们不仅肯干，而且还绝不蛮干。他们完全是凭借着自己的勤奋与智慧，抓住了那些对自己人生起决定性作用的机遇。

有这样一个故事，或许会给我们一些启迪：

有一年，松下公司要招聘一名高级女职员，一时应聘者如云。经过一番激烈的比拼，山川秀子、原亚纪子、宫崎慧子3人脱颖而出，成为进入最后阶段的候选人。3个人都是名牌大学的高才生，又是各有千秋的美女，条件不相上下，竞争到了白热化状态。她们都在小心翼翼地做着准备，力争使自己成为"笑到最后"的胜利者。

这天早上8点，3人准时来到公司人事部。人事部长给她们每人发了一套白色制服和一个精致的黑色公文包，说："3位小姐，请你们换上公司的制服，带上公文包，到总经理室参加面试。这是你们最后一轮考试，考试的结果将直接决定你们的去留。"3位美女脱下精心搭配的外衣，穿上那套白色的制服。人事部长又说："我要提醒你们的是，第一，总经理是个非常注重仪表的先生，而你们所穿的制服上都有一小块黑色的污点。毫无疑问，当你们出现在总经理面前时，必须是一个着装整洁的人，怎样对付那个小污点，就是你们的考题；第二，总经理接见你们的时间是8点15分，也就是说，10分钟以后，你们必须准时赶到总经理室，总经理是不会聘用一个不守时的职员的。好了，考试开始了。"

3个人立即行动起来。

山川秀子用手反复去揩那块污点，反而把污点越弄越大，白色制服最终被弄得惨不忍睹。山川秀子紧张起来，红着脸央求人事部长能否给她再换一套制服，没想到，人事部长断然地说："绝对不可以，而且，我认为，你没有必要到总经理室去面试了。"山川秀子一下子愣住了，当她知道自己已经被取消了竞争资格后，眼泪汪汪地离开了人事部。

与此同时，原亚纪子已经飞奔到洗手间，她拧开水龙头，撩起自来水开始清洗那块污点。很快，污点没有了，可麻烦也来了，制服的前襟处被浸湿了一大片，紧紧贴在身上。于是，原亚纪子快步移到烘干器前，打开烘干器，对着那块浸湿处烘烤着。烤了一会儿，她突然想起约定的时间，抬起手腕看表：坏了，马上就到约定时间了。于是，原亚纪子顾不得把衣服彻底烘干，赶紧往总经理室跑。

赶到总经理室门前，原亚纪子一看表，8点15分，还没迟到。更让她感到庆幸的是，白色制服上的湿润处已经不再那么明显了，要不是仔细分辨，根本看不出曾经洗过。何况堂堂大公司总经理，怎么会死盯着一个女孩的衣服看呢？

原亚纪子正准备敲门进屋，门却开了，宫崎慧子大步走出来。原亚纪子看见，宫崎慧子的白色制服上那块污迹仍然醒目地躺在那里。原亚纪子的心里踏实了，她自信地走进办公室，得体地说："总经理好。"总经理坐在大班桌后面，微笑地看着原亚纪子白色制服上被湿润的那个部位，好像在"分辨"着什么。原亚纪子有点不自在。

这时，总经理说话了："原亚纪子小姐，如果我没有看错的话，你的白色制服上有块地方被水浸湿了。"原亚纪子点了点头。"是清洗那块污渍所致吗？"总经理问。原亚纪子疑惑地看着总经理，点了点头。总经理看出原亚纪子的疑惑，浅笑一声道："污点是我抹上去的，也是我出的考题。在这轮考试中，宫崎慧子是胜者，也就是说，公司最终决定录用宫崎慧子。"

原亚纪子感到愕然："总经理先生，这不公平。据我所知，您是一位见不得污点的先生。但我看见，宫崎慧子的白色制服上，那块污点仍然清晰可见。"

"问题的关键是，宫崎慧子小姐没有让我发现她制服上的污点。从她走进我的办公室，那只黑色公文包就一直优雅地横在她的前襟上，她没有让我看见那块污迹。"总经理说。

原亚纪子说："总经理先生，我还是不明白，您为什么选择了宫崎慧子而淘汰了我呢？我准时到达您的办公室，也清除了制服上的污点，而宫崎慧子只不过要了个小聪明，用皮包遮住了污点。应该说，我和宫崎慧子打了个平手。"

"不。"总经理果断地说，"胜者确定是宫崎慧子，因为她在处理事情时，思路清晰，善于分清主次，善于利用手中现有的条件，她把问题解决得从容而漂亮。而你，虽然也解决了问题，但你却是在手忙脚乱中完成的，你没有充分利用你现有的条件。其实，那只公文包就是我们解决问题的杠杆，而你却将它弃之一旁。如果我没有猜错的话，你的'杠杆'忘在洗手间里了吧？"

原亚纪子终于信服地点了点头。总经理又微笑着说："如果我没猜错的话，宫崎慧子小姐现在会在洗手间里，正清洗她前襟处的污渍呢。"

毫无疑问，无论在哪行哪业，领导者的态度影响着员工的前途。那么，怎样才能给老板留下一个好印象？——这是困扰职场人士良久的问题。其实很简单，只要把事情"做好"即可。当然，这"做好"二字也是有着一定学问的。

其一，必须将事情尽量做得圆满一些，让老板看到你的"能干"，有了这种印象，他才能在分配重要任务的时候想到你，这无形中也就增加了你上位的机会。

其二，要懂得巧干。职场中有很多人常念叨"我没有功劳也有苦劳"。诚然，苦劳是一种资本，勤奋努力也是职场人必备的素质。但是，苦干又怎比得上巧干？不管过程如何，老板看重的只是结果。在现在这个时代，能苦干但不出结果的人，已然越来越不被认可了，这样的人很难取得成就。

蒙牛集团就一直在强调这样一个理念——"一两智慧胜过十吨辛苦。"苦干只是成功的一个条件，但并不是唯一条件。勤奋当然好，但勤奋巧干岂不是更好！那些成功者除了比一般人勤奋，更重要的一点是，他们比一般人更善于运用迅速反应的智慧！

其实人生中的很多事，哪怕只是一点偏差，都可能会影响别人对自己的看法，都可能会错失良机。我们做事，应力求尽善尽美、善始善终，这不仅仅是对别人负责，更是对自己负责。而对自己负责的另一个要点，就是要懂得把握机会，甚至没有机会的时候，要给自己创造机会，让对方看到你的能力。我们或许不需要开口争取什么，但一定要努力表现自己，让别人从我们的表现中看到潜力，机会自然就会眷顾我们。

❖ 学点审时度势，懂点随机应变

毫无疑问，我们需要一种迅速反应、审时度势的能力。成功者之所以能够成功，与其与众不同的思维方法存在着莫大关系。他们在确定人生目标以后，一定会随时判断自己的目标是否存在偏差，随时确认实现目标所需的时间、财力、人力，等等。他们非常清楚，自己的选择唯有通过验证，才能预测出目标的现实性。一旦发现自己的目标背离了现实，他们就会迅速加以修正。

古代迦太基著名军事统帅汉尼拔向有"战神"之称，他在与罗马争夺地中海的战争中，就是凭着数次的随"机"应变，剑走偏锋，将人数高出自己数倍的罗马军队打得落花流水的。

那是公元前218年，罗马向迦太基宣战。汉尼拔胆略惊人，他准备率军进攻意大利，在敌人腹地作战。他认为，由海路进攻意大利过于冒险，所以选择了越过阿尔卑斯山脉。同年4月，汉尼拔经过细心准备，率军从新迦太基城出发，沿途越过比利牛斯山，顺着高卢南岸向前推进。9 月下旬，他们终于冲破重重险阻，走出深山，到达波河上游地区。突然出现在意大利北部，宛如神兵天降，罗马人做梦也没想到迦太基人会如此神速地出现在自家门口，他们顿时乱了阵脚，不知如何应对才好。

汉尼拔领兵先后击退了西庇阿和森普罗尼亚，兵不卸甲、马不停蹄，迅速绕过罗马的防卫屏障，出其不意地抵达罗马城附近。直捣黄龙。

罗马人当然不想就此败北，他们临阵换将，推选主战派代表人物瓦罗为执政官，率军抵抗汉尼拔大军。公元前 216 年夏，在坎尼地区，瓦罗与汉尼拔展开了惊天动地的大决战。

开战之初，罗马主帅眼见汉尼拔大军中央力量薄弱，便决定调整兵力部署。加强自己中央力量，意图集中绝对兵力，一举击溃汉尼拔的中央方阵。

瓦罗自以为棋高一招，谁知正中汉尼拔下怀。当罗马军中央主力发起猛攻后，迦太基军中央步兵便开始缓慢收缩，两翼精兵则向罗马军侧翼包抄过去。瓦罗目睹此状，尚以为是敌军在准备撤退，不由得暗中得意。

恰在此时，500 名迦太基死士佯装溃败，投向罗马阵营。瓦罗命人收缴"降兵"的武器，将其暂时安置在己方的阵后。瓦罗心想：迦太基军又退又降，是决战的时候了。于是他一声令下，预备队全部参战，向汉尼拔发起了总攻。

汉尼拔一直注视全局，此时见时机已成熟，便命令两翼骑兵猛攻。精锐部队左翼骑兵迅速击溃罗马军右翼，并迂回到罗马军左翼的侧后部位。

罗马军仅存的一路骑兵腹背受敌，顷刻间土崩瓦解。随即，迦太基骑兵配合步兵围歼敌步兵。这时突然间东风大作，汉尼拔预先背风埋伏的士兵和假降的 500 死士又一起涌出,罗马步兵迎风而战,眼泪横流,只得任人宰割……

此一役被载入世界军事史册,堪称经典,而"汉尼拔"也因此一直与"战神"并肩齐驱。

汉尼拔以"用兵如神"著称于世,名垂千古。他"神"的地方就在于能够随"机"应变,不按章法出牌,迅速反应,出奇制胜。人生同样如此,与竞争对手博弈,必须思维敏锐,随着时局变换套路,真正的博弈高手绝不会被对手牵着鼻子走。

事实上,很多人的失败就在于此:他们虽然满怀壮志、坚韧不移,但由于不懂得随"机"应变,往往会因为无法适应机遇,最终与成功失之交臂。

其实人生与战场一样,其环境与态势都瞬息万变。时而天高云淡,风和日丽,秋月映湖;时而山雨欲来风满楼,黑云压城城欲摧;时而电闪雷鸣,疾风骤雨,天昏地暗。久经沙场或历经人生起落的人会对此习以为常,他们深信变化是绝对的,不变是相对的,只有无穷的变化,才会有无穷的机缘、无穷的魅力,才会引得无数英雄竞折腰。

然而变化之中有机缘,只说明了机会的存在,更重要的是在变化之中迅速反应,发现机缘、把握机缘。古人云:"识时务者为俊杰。"何谓时务?不难解释,时务就是指世事的发展变化态势。识时务,就是指根据这种发展变化态势去寻找、把握机缘,决定自己何去何从。

要知道,任何事物的构成或运动变化都是由系统内外条件和多种因素决定的。当某些条件和因素达到一定的排列组合和结构状态时,只要从系统外部再加入一定的能量、信息或物质,整个世事就会发生结构上的重大变化,而身处局内之人可能就会因此而被卷入这一变化之中。即将发生变化的这一转折点可以称为"事机"。世事的事机对应着时间数轴上的某一点，被称为"时机"。事机和时机统归于"时务"的涵盖之下。时务在事机和时机之上更具有待选择、决策和行动的意味。抓住时机和事机，选择决策行动，能产生更高的工作效率，不仅时效高，效能大，运动的势能强，而且实现预期目标的可能性也最大。任何世事在其发展过程中都存在时机和事机，尤其对人生选择、经营决策、计划实施等至关重要。能够较准确地识别时机和事机的到来，并据此作出人生抉择，即为识时务的俊杰。

其实只要你毅力够强，并能随机调整目标，实现目标就不会再困难。须知，几乎每一位成功者都懂得审时度势，随时确认自己的目标是否存在偏差，并及时做出相应调整，他们会掌握机遇走向，让自己不断地接近成功。选择→调整→成功，相信在这一过程中，你一定能够得到更多快乐，体会到人生的真正意义。

我们要想达到办事成功的目的，就必须有一点绝招，见人之所未见，行人之所未行，方可达到出奇制胜的目的。出奇制胜需要一颗灵活的头脑。有人曾经说过，所有成功的秘密就在于对你身边的一切保持高度关注，调整自己以适应周围的环境；意识到时机资源的宝贵，在适当的时间里说别人想听的话和需要听的话；仅仅处理好事情是远远不够的，还需要在适当的时间和适当的场合去处理。

❖ 学会应变，负亦可转正

"人类最奇妙的特性之一，就是变负面为正面的力量"。当出了差错，或遭受某种挫折，造成了某些损失后，成功者会汲取教训，设法补救，以扭转不利局面，变被动为主动。一个人想要获得成功，就要懂得将被动化为主动，将受制变成控制。

要知道，在日常生活中，时有突发事件令当事人陷入被动尴尬的境地，此时若能随机应变，拿出对策，便可化被动为主动，化不利为有利，一举抓住机遇。而能否化被动为主动，就要看当事人是否有所准备，能否事事想到前面、做到前面，尽量不给自己留下有可能陷入被动的隐患；能否化被动为主动，还要看当事人能否保持冷静，一旦突发事件在不可避免的情况下发生，是否可以以积极的态度、灵敏的思维审视问题，尽量争取解情势之危；能否化被动为主动，更要看当事人能否触类旁通、举一反三，懂得从不同的角度去深挖问题，并从中寻找突破点。欲成大事者，需要有这份化被动为主动的能力，如此才能在纷繁复杂的人生中处乱不惊，遇事便可心中有数，从而迎来生活的和顺、事业的成功。

晚清重臣曾国藩就是这方面的高手：

在剿捻不利的艰难时期，曾国荃不识时务，不知事情利害，参劾官文给曾氏兄弟带来了极大的被动。

曾国荃为什么会参劾势力强大的满族贵族官文呢？起因由曾国荃出山任湖北巡抚开始。

官文坐镇湖广，是清政府插在长江上游的一颗钉子。湘、淮军在长江流域的崛起，清朝满族权贵是不放心的，利用官文控扼长江，是清政府对付湘、淮的一个筹码。胡林翼做湖北巡抚时，知道其中缘由，一直对官文采取笼络政策，督抚同城，关系融洽，官文对胡林翼也是有求必应。胡林翼死后，官文与湘军的矛盾暴露，湘军进攻安庆时他不发兵，不供饷，曾国荃兵驻雨花台，在急需救援时他奏调多隆阿去陕甘"剿回"。但当时清廷用得着湘军，曾氏兄弟与他亦无多大干系，所以矛盾也没有公开爆发。可是，如今曾国荃做了湖北巡抚，又在那里组建"新湘军"，加上曾老九其人锋芒毕露，目空一切，不把他这个满洲贵族看在眼里，他就决心想法整整这个不可一世的曾国荃。

官文与湖北按察使唐际盛商量对策，唐为官出谋划策，让官文出面给皇帝上奏折，保奏曾国荃为"帮办军务"，让他率军去鄂北"剿捻"，离开武昌，驻兵襄阳，拔去这个眼中钉。官文依计而行，谕旨很快批复，正如官文所请。

曾国荃不知是计，一直带兵打仗也不知"帮办军务"的官衔有多大，应不应该专折谢恩，只好写信给大哥。曾国藩回信说，帮办军务属毫无实权的空名，如李昭寿、陈国瑞等降将，刘典、吴棠等微品职衔时，都曾得到过"帮办军务"之名目。故此不必谢恩，但也不可推辞或气恼，权当没有此事，以后公牍上也别署这个头衔，不然会惹人笑话。

恰在此时，湖北粮道丁守存向曾国荃拨弄是非，说湖北"新湘军"组建，所需粮草由粮台筹集，但官文却不让给"新湘军"供粮。原来这个丁守存曾因贪污公款被官文发现，敲诈他大部分家产才没有参劾他，他这次想借曾氏兄弟之手报复官文。曾国荃把这两事合起来考虑，大为恼火，决定向皇帝告发官文。

曾国荃幕中无文吏，恰在此时曾国藩的长子曾纪泽来湖北，遂同侄子商量拟稿。曾纪泽时年 27 岁，由于父亲的熏陶，已知官场之险恶，叔父之鲁莽。所以当即提出官文是满洲贵族，为太后和皇上所宠信，要弹劾他实非小事，最好先同父亲商量后再定。然而曾国荃却认为自咸丰八年复出后，哥哥的胆子越来越小，反而办不成大事，这次弹劾官文不该让哥哥知道，免被阻挠。曾纪泽只好按九叔提供的内容拟稿，最终稿成，列举了官文贪庸骄蹇、欺罔徇私、宠任家丁、贻误军政、笼络军机处、肃顺党孽等多款罪状，此折在襄阳郭松林营中发出。

曾氏叔侄不甚明了弹劾官文的利害，写奏折的水平也无法与曾国藩相比，因此奏折过于草率，文字虽洋洋数千言，但语言欠斟酌，参劾内容尽管多是事实，但疏奏多不中肯。曾国藩闻知九弟具疏弹劾官文，深恐此举会招大祸，赶紧从曾国荃手中要来底稿，看看奏言是否立得住脚，或可设法补救。看罢底稿，曾国藩立即写信给九弟，让他隐忍、克己、修身而自保自强，不要"在胜人处求强"，不要"因强而大败"，信中对儿子反复责怪，不该做出此等招非惹患之举。

曾国荃读罢哥哥来信，方知事情的利害，但后悔已迟，只能等着事态发展。曾纪泽受责，赶紧离开武昌，避开是非圈子。

正如曾国藩所料，曾国荃的奏折在清廷中引起了轩然大波，尤其折中牵连军机处，说官文笼络军机处，军机处"故意与鄂抚为难"等，立即引起军机处的不满。军机大臣胡家玉面禀慈禧太后，说曾国荃诬告官文，指责军机，存心不良，所奏事情亦多不合，要求拟旨驳之。还说曾国荃指官文为"肃顺党孽"，更是凶险之词，要求照例反坐，治其诬陷之罪。这一参劾，使曾氏兄弟很是被动。

慈禧只得让军机处派人去湖北调查，并给调查者一个钦差头衔。调查湖北督抚纠纷的钦差回到北京回奏时，把奏折所列各条全部驳回，要求朝廷下旨治曾国荃之罪。慈禧对此颇感为难，她一见奏折，就知事出有因，表面上是曾、官督抚相争，实则是满洲权贵与湘、淮头领发生矛盾。曾国荃背后有一大批湘、淮军阀，官文背后有一大批仇视汉官的满洲贵族。她既不愿惩处官文，也不想在需要湘、淮军为她打仗之时开罪这些武将。

在慈禧犹豫之际，曾国藩为解救被动局面，来了一个"弟弟唱黑脸，哥哥唱白脸"的策略，上密折保官文。

正在慈禧太后思考如何处理之际，忽然接到曾国藩和左宗棠的两个奏折：一折密保官文，是曾国藩所上；一折说曾国荃弹劾官文一书，是当今第一篇好文章，以自己在湖广多年所见为证，指责官文种种劣迹，要求太后、皇上对官文惩处，以示朝廷公正。原来曾国荃弹劾官文之后，湘、淮诸大员频繁交换意见，大多认为曾国荃鲁莽，不该得罪权贵。李鸿章为曾国藩出一策，让他在此时拟折密保官文，请求清廷不要深究官文之罪，这样做可以消减满贵对湘淮的仇恨，或可息事宁人。曾国藩本也痛恨官文，但迫于形势，只好照此办理了。但远在西北镇压回民起义的左宗棠，手握兵权，处于清廷不得不重视之地位，听到曾国荃弹劾庸劣卑鄙的官文，大感称心，于是在西北战场给朝廷上了那篇词气亢厉的奏疏。

慈禧见湘、淮大将都表了态，只好从中维持"和局"，按照督抚同城不和的成例处理：把官文内调京师，以大学士掌管刑部，兼正白旗蒙古都统。官文调走，未加任何惩处。曾国荃仍为湖北巡抚，未加指责，使此事宣告结案。官文调走后，湖广总督由李鸿章担任，因苏抚一职暂不能脱离，调其兄李瀚章暂署湖督，让淮军首领李氏兄弟从中捡了大便宜。经曾国藩这一举动，暂时地渡过了这一危机。

然而，很多人在犯错以后，根本做不到曾国藩这样镇定自若，他们满脑子都是利害关系，只知道惶恐不安，如此只能让被动变得更加被动。其实，任何人的被动局面都是由自己造成的。人的一生是正确与错误、成功与失败交织的一生，每个人都在严酷的生存竞争中苦苦挣扎，就像千军万马过独木桥，稍有不慎，就可能被淘汰出局。成功与失败是人生的两个极端，又只在咫尺之间。有人把它们称之为比邻而居的门户，也有人说它们不过是前后步伐，其结果相距那么遥远，又如此紧密相连，成败的转换只在瞬息之间，没有永远的失败者，也没有永恒的成功者。只有经得起成功，更经得起失败的人，才是真正成功的人。在遭遇失败时，我们不妨自己说："失败只是暂时停止的成功而已！"

是的，被动也只是一种暂时的不利或轻量级的失败，只要你能积极调动自己的思维，总是能够想到办法扭转不利的局面，将不利变成机遇。

下面，我们就一起来看看几种常用的应变艺术。

1. 就地取材。某些场合发生突发事件，会令当事人陷入被动境地，此时此刻若能就地取材、借景生情，便能摆脱困境。例如：一次，著名相声演员马季和赵炎在山东演出，在调侃着"吹牛"的问题，突然台上的灯泡炸裂，台下观众躁动起来。马老师当即说道："我们吹牛的功夫真是到了家，连灯泡都被吹破了。"此话一落，台下掌声顿时响成一片。

2. 反其道而行之。"反其道而行之"是大智大勇者"置之死地而后生"的一种独特行事方法，它既是一种创新，又是一种对常规的破坏。当然，这种"破坏"不表现在对人情和风气习惯上，而是表现在能落实到具体事物上的常规思维上。新的思路往往能在常规事物之外找到突破口，当然这也需要人的清醒判断和某种可遇不可求的机遇。例如，英国著名作家肖伯纳患了脊椎病。手术以后，医生为了多要一点手术费，便对肖伯纳说："肖伯纳先生，这可是我们从未做过的手术啊！""那么，请问你打算付我多少钱试用费呢？"医生原本想要多收一点钱，肖伯纳却从对方话中找到突破口，告诉医生新手术意味着什么，令其"偷鸡不成蚀把米"。

3. 虚张声势。《百战奇法·弱战》云："凡战，若敌众我寡，敌强我弱，须多设旌旗，倍增火灶，示强于敌，使彼莫能测我众寡、强弱之势，则敌必不轻与我战，我可速去，则全军远害。"这就是典型的虚张声势，也是人们在处于被动境地时较常用的一种方法。例如，三国中张翼德大闹长坂桥，救走赵子龙，所使用的正是这一方法。

生活中，很多人其貌不扬、语不惊人，却往往能顺利通达。其实，这往往是因为他们善于化被动为主动。当然，化被动为主动需要我们具备一个良好的心态，镇定地、全面地、多角度地考虑问题，在事态的发展中慢慢扭转战局。只要你肯用脑，相信你就会赢得精彩。

敢于决断

咱们中国有句古话——"当断不断，必受其乱。"意思是说，当我们该作决断时，如若举棋不定，犹犹豫豫，必然会自食苦果。此话颇有道理，犹疑散漫的人由于思想、情感的分散，无法将精力全部集中在明确的轨道上，因而就会错失某种机会，最后事到临头，不得已间匆忙或是无奈作出选择，往往得到的不是自己想要的结果。其实在生活中，需要我们尽快作出决断的事情有很多，倘若我们总是瞻前顾后，举棋不定，那就只会贻误战机。

❖ 事事犹豫，没有机遇

有些朋友做什么事都思来想去，瞻前顾后，他们自以为这是办事稳妥，然而纵是办事这么"稳妥"，他们却又总是与成功失之交臂。这往往令他们感到费解，他们可能找不到自己人生庸碌的原因，其实，这可能正是因为他们"稳妥"过了头。事实上，如果一个人太过优柔，事事犹豫，那么他是很难有所建树的。正所谓"当断则断，不断则乱"，这是任何人都明白的道理，但是总有一些人喜欢拖拉，他们做起事来总是犹豫不决，于是很多机会白白溜走了。他们天天在考虑、在分析、在迟疑、在判断，迟迟下不了决心，总是优柔寡断，好不容易作了决定之后，又时常更改，不知道自己要的是什么，抓怕死，放怕飞。终于决定实施了，他们第一件事就是拖拉、不行动，告诉自己"明天再说"、"以后再说"、"下次再做"。即使采取了行动也是"两天打鱼，三天晒网"。这样的人，会永远一事无成，终生与失败为伍。

有一位朋友就是这样，他人很正直、踏实，工作上也是勤勤恳恳的。但这人有个毛病，就是前怕狼，后怕虎，优柔寡断，办什么事都是犹豫不决，拿不定主意。有人给他介绍了个对象，见面后女方没有拒绝，他也基本满意。按说该往前发展，确定关系，可是在几次约会时，他却总不敢往前迈出这一步。他总是反反复复考虑，女方拒绝了怎么办？以后再遇到比她俊美的该怎么办？考虑来考虑去，女方不愿同他搞拉锯战，就离他而去。

结婚后，有一次他到商场买彩电，一看品牌很多，价钱却相差不多。每个摊位的售货员都把自己的彩电讲得无与伦比，这可把他难坏了。他在商场转过来，转过去，就是拿不定主意买哪种品牌的。他这样转了几个商场都没有买成，最后还是老伴出马，一锤定音，没用几分钟就把彩电搬回了家。

用心理学家的话来讲，这位朋友的意志是非常薄弱的。我们知道，意志是人的意识能动作用的表现，它是我们在认识客观事物时，自觉确定行动目的并选择适当行为、通过解决障碍达成预定目标的心理过程。意志力薄弱，那么意志就欠缺抵抗力，其最直接的表现就是容易受到外界暗示的影响，缺乏主见，感情脆弱，唯唯诺诺，无法自己给出一个明确的决定，甚至连已作出的决定，也经常反复。尤其是有多种选择摆在面前时，更是没了主心骨，束手无策。这种心理障碍的形成，不外乎两种原因——内在因素与外界因素。前者可能是先天性格脆弱，缺乏主见；也可能是涉世不深，稚气未脱，很多事情父母大包大揽，因而缺乏基本锻炼，这就造成了自主意识差，易受外界因素影响的脆弱心理。在此基础上，倘若再受到某些挫折、遭遇某些错误的选择，就更易形成消极心理，这便是外来刺激，往往形成于人生观的形成时期，最终导致性格懦弱、犹疑，进而贻误终身。

我们来看看下面这个故事，其主人公的遭遇，就很值得我们引以为戒。

话说法国有一位哲学家，他温文尔雅，谈吐不俗，令许多女人为之倾倒。

这天，一位容貌绝美、气质高雅的女子敲开他的房门："让我来做你的妻子吧！相信我，我是这世上最爱你的女人！"

哲学家惊叹于她的气质，陶醉于她的美貌，更为她的真情所打动。毫无疑问，他同样为她而着迷，但他却说："你让我再考虑一下！"

送走女子，哲学家找来纸笔，将娶妻与不娶妻的利弊一一罗列出来。结果发现，二者的利弊竟然不相上下。哲学家很是为难，他犹豫起来，不知如何是好，而这一犹豫就是整整 4 年。

4 年后，哲学家得出这样一条结论：在难以取舍时，应该选择尚未经历过的。

于是，哲学家兴冲冲地来到女子家，对其父亲说道："您女儿不在吗？那么请您转告她，我已经考虑清楚，我要娶她为妻！"

老人漠然说道："你晚来了 4 年，我女儿如今已经是 2 个孩子的母亲了！"

数年后，哲学家郁郁而终。弥留之际，他吃力地写下这样一行字：若是将人生一分为二，前半生的哲学应是"不犹豫"，后半生的哲学应是"不后悔"……

哲学家的犹豫行为，实际上就是一种习惯于采用是非标准衡量事物的直接结果。很多人都是这样，面对选择时，总希望自己能够作出最正确的决定。这本无可厚非，可错就错在我们总以为通过拖延或是反复斟酌就能够避免失误，结果我们为自己的犹豫付出了莫大的代价。那么我们该如何改变这一状况呢？

其一，假如我们在作决定时，能够摆脱是非观念的控制，不去过多考虑别人的意见，那么我们就能够迅速给自己一个答案。以生活场景为例，假如说我们要买衣服，那么我们完全可以也有这个能力摆脱别人的影响，别太在意别人的评价，别迷信推销员的说辞，是穿西装还是休闲服还是其他，只要你觉得穿在自己身上合适就好，这样你就能很快作出决定。换言之，我们想要消除犹豫心理，就不应该将各种可能的结果单纯地视为"对"或"错"、"好"与"坏"，别看别人的脸色行事，我们只要将其看作是不同的价值观的选择而已，这样我们就能够轻松摆脱犹豫的控制，果断行事了。

其二，我们在做事前要对自己的目标有一个明确的定位。譬如，你想买一部电脑，那么你就要想好，是买高端机还是一般品牌的，价位多少合适，显示器多大尺寸，配置要达到一个什么样的标准。将目标确定了，你到了电器城也就有了主心骨，不至于被推销员说得无所适从。其实我们做任何事都应如此。

其三，不要闻风就是雨。我们得知道，人与人所处的环境不同，成长经历不同，文化素养不同，其性格、爱好、价值观、世界观都会有所不同，因而同一件事，不同的人会有不同的看法和意见。那些意志薄弱的人，最容易在不同的看法面前露怯，所以我们面对来自四面八方的声音，最忌讳的就是盲从、附和。我们应该有自己的主见，相信自己的判断，不必过分在意那些外界言论。能做到这种程度，我们也就基本走出了犹豫的势力范围。

咱们中国有句古话："明日复明日，明日何其多？我生待明日，万事成蹉跎。"一语道破了犹疑的大害。的确，没有什么习惯能够比拖拉更使人懈怠。它会损坏人的性格，消磨人的意志，使我们对自己越发没有信心，怀疑自己的毅力，怀疑自己的目标，怀疑自己的能力，从而让人变得一事无成。它是人生的最大杀手，让我们在生活和工作中忙乱不堪，让我们失去与他人合作的机遇，更让我们失去在工作和事业上成功的机会，于是，失败一直与我们紧紧相随。

其实，我们的一生之中，能够斗志昂扬、精力充沛的黄金时段并不多，与其在年迈时空叹韶华白头、精力不再，不如珍惜眼前，将遗憾从生命中彻底赶走。聪明人都很清楚，时机对于我们而言是何等重要，所以在时机合适的时候，他们从不犹豫，伺机而动，一击即中，因而这份果断也成就了他们。

❖ 心动就要快行动

正如上文所说，那些犹豫寡断之人，往往得不到成功的青睐。因为就算机会出现了，他们也会瞻前顾后，一会儿猜忌、一会儿顾忌，到头来却又抱怨命运不济。这种人是缺乏主见的、意志薄弱的，他们连自己的判断都不相信，自然也不会得到他人的信任，当然，机遇就更不会偏爱他们了。

那些之所以能够取得成功的人，在很大程度上就取决于他们雷厉风行的性格。他们在机遇面前果敢无畏，该出手时就出手。当然，他们也有马失前蹄的时候，但即便如此，也不知道要强过那些犹豫之人多少倍，因为他们出手的次数越多，能够抓住的机会也就越多，成就自然也就越大。

而那些失败者失败的原因，则主要在于他们不具备辨别机遇的能力，更别谈驾驭机遇的手段。兵法有云："用兵之害，犹豫最大也。"细细思量，人生又何尝不是如此呢？所谓"机不可失，时不再来"。犹豫不决的直接后果，就是导致你在人生的竞技场上折戟沉沙。事实上，雷厉风行的性格、"一剑封喉"的方法，俨然已经成为当代人成功的秘诀之一。

机遇更加眷顾那些目光独到、有能力掌控自身命运的人。一如开篇所说，我们的黄金时段本就不多，根本不允许去浪费，所以一旦机遇出现，只要看准了就别犹豫，要像猎鹰一样一击即中。

当然，这里说的"该出手时就出手"，并不是指轻率冒进、意气用事，而是指经过"三思"之后的当机立断。

想好就干，神速出击，这是值得任何一个现代人深深体会和借鉴的。

这个社会上有很多人不乏才华，当然也有梦想，但从青春年少直到不惑之年，却一直不曾做出什么值得夸赞的业绩。何故？其很大一部分原因是他们太过犹豫。

那么，为什么一些人遇到事情总是犹犹豫豫、优柔寡断呢？原因就在于此：

1. 这些人有认识障碍。犹豫的人可能涉世未深，因而对社会事物的认知缺乏必要经验，这导致他们看问题不够十分准确，于是就会产生"拿不定主意"的心理冲突。尤其是当他们所面对的问题较为复杂、颇为重要时，表现得更为明显。

2. 这些人有情绪障碍。犹豫的人可能曾经有过情绪刺激经历，他们因为某一问题受过严重的心理创伤，一旦面对类似的事情，便极容易产生消极的条件反射。也就是我们常说的"一朝被蛇咬，十年怕井绳"。

3. 缺少必要训练。在当今这个时代，独生子女越来越多，很多人自幼便备受宠溺，衣来伸手，饭来张口。父母、兄弟，甚至是朋友都是他们的依赖对象。这些人步入社会以后，缺少了依赖对象，就会变得不知所措，因此极易出现优柔寡断的心理。

另外值得一提的是，犹豫心理的产生，还与教育环境有一定的关联。即，自幼被管教得太严，这样的人优点是"听话"，缺点是"太听话"，做什么事都循规蹈矩，一旦事情发生了变化，他们就不知该如何是好，因为他们担心自己一旦犯错便会受到责罚，于是就那样一直犹豫着。

那么，我们怎样练就雷厉风行的性格，果断地作出决定呢？大家可以试着这样去做：

1. 已经作出的决定，就不要反复。我们既然作出了某个决定或是确定了某一目标，就应该想办法在现有的条件下促进成功，而不是一再怀疑自己所作的决定正确与否。

2. 必要时，也要"一意孤行"。诚然，我们的确应该适当听取一下别人的意见，博取众长以为己用，但我们却不能因此而束缚了自己的思维。有些时候，可能有人甚至是大多数人都不同意某件事，而你却对此十分向往，你认为这样做应该是对的，那么你大可以坚定自己的立场。

3. 淡定取舍，权衡利弊。我们的生活中充满了选择，有时会觉得两种选择各有利弊，难以作出决断。在这种情况下，我们需要遵循的守则就是"两利相权取其大，两害相衡取其轻"。孟子曾经说过："鱼我所欲也，熊掌亦我所欲也；二者不可得兼，舍鱼而取熊掌者也。"假如说我们什么都不想舍、什么都不愿放，就那样迟疑不决，则很可能我们不仅会失去鱼，还会失去熊掌。

记得哲学家培根曾感慨地说："机会老人先给你送上它的头发，当你没有抓住而后悔时，却只能摸到它的秃头了。或者说它先给你一个可以抓的瓶颈，你不及时抓住，再得到的却是抓不住的瓶身了。"

所以说，在一些必须作出决定的紧急时刻，你就不能因为条件不成熟而犹豫不决，你只能把自己全部的理解力激发出来，在当时的情况下作出一个最有利的决定。当机立断地作出一个决定，你可能成功，也可能失败，但如果犹豫不决，那结果就只剩下了失败。

一件事情想到了就要赶快去做，千万不要犹豫不定，如果什么事情都要想到百分之百再去做的话，那么你就要落于人后了。有些事，并不是我们不能做，而是我们不想做。只要我们肯再多付出一分心力和时间，就会发现，自己实在有许多未曾激发出的潜在的本领。要使做事有效率，最好的办法是尽管去做，边做边想。养成习惯之后，你会发现自己随时都有新的成绩：问题随手解决，事务即可办妥。这种爽快的感觉，会使你觉得生活充实而心情爽快。

因此，我们要努力训练自己在做事时当机立断的能力，就算有时会犯错误，也比那种犹豫不决、迟迟不敢作决定的习惯要好。

成千上万的人虽然在能力上出类拔萃，却因为犹豫不决的行动习惯错失良机而沦为平庸之辈。当机遇来临时，我们就要迅速地抓住它，尽快用行动滋养它，让它生根发芽，蜕变为成功。

❖ 决与策两相并举，谋与断缺一不可

有道是"千里之行，始于足下"，我们如果想要成就自己的梦想，计划措施、缜密策划等固不可少。可是只有把脑子中的想法用自己的实际行动展现出来，我们才有可能实现自己的价值。要知道，倘若我们只是做一个旁观者，那我们的姓名是永远爬不到比赛计分板上的。事实上，对于想要成功的人而言，每一次机遇都是一笔财富。怎样获取机会呢？一般来讲，具有果断性格的人，才能像猎豹一样抓住机遇。这种本领不是一朝一夕训练出来的，而是长期在历练中浸泡出来的。凡是那些让机遇从手指缝中漏掉的人，只能羡慕别人心灵手巧，反应迅速。这是一种在人生竞技场上百战不胜的最大性格弱点。一句话，凡是成功的人都必须具有猎豹的性格，见到机遇，犹如扑食般冲上去。

不过，我们所说的心动就要快行动，也不是说就不分青红皂白地轻率冒进、意气用事，而是指经过"三思"之后的当机立断。我们不妨来看看"决策"这两个字，决策——一是要能决断，二是要懂策略。也就是说，正确的决策不仅要求你决定做或者不做，更重要的是要讲究策略，研究怎么去做。然而，那些惯于冒险的人，性格往往过于张狂，这不是成熟之人的作为。但是并不是所有的冒险都是不可取的，这就需要把胆大与心细合而为一。在我们的人生中，充满了博弈，吉凶莫测，往往一招不慎，满盘皆输。而且，我

们的目标越大，参与的事务越多，也就越容易出现疏忽。因此，在人生的博弈场上，我们不能只图痛快，也不能犹豫不决，遇事一定要决与策两相并举，要记住谋与断不可缺一。

晚清巨商胡雪岩在谋与断这两方面就非常值得称道，我们不妨去领略一下这位红顶商人的风姿。

胡雪岩经商，以性格果敢而著称，他最忌讳优柔寡断，本来一下可以拿准的事情，却摆弄来摆弄去，一直拖延下去，结果把好机遇都拱手让给了别人。这是经商最致命的弱点。与此相反，聪明的商人都知道机不可失，时不再来，总会从各种信息中捕捉商机，然后立竿见影。这种果敢的性格是胡雪岩经商取胜的法宝。

其实，胡雪岩性格谨慎，不了解情况时，为求了解，急如星火，等到弄清楚事实，有了方针，他就从容了。说是"慢慢儿来"，但绝不是拖延，更不是搁置。

对于胡雪岩这样一位眼界开阔、头脑灵活且敢想敢干的人来说，实在是到处都能见到财源，到处都能开出财源。比如他为销"洋庄"走了一趟上海，在上海的"长三堂子"吃了一夕花酒，酒宴上与那位后来成为他可以生死相托的朋友古应春的一席交谈，就让他抓住了一次赚钱的机会。

古应春是一位洋行通事，也称"康白度"或"康白脱"。中国开办洋务之初，这样的通事是极要紧的人物。他们表面上主要充当的是类似今天的外事翻译的角色，但由于这一角色的特殊性，在当时的外贸活动中，他们其实还承担着为买卖双方牵线搭桥的职能，实质上也就是后来所说的买办。"康白度"或"康白脱"等也就是英语 comprador 的音译。有意思的是，在咸丰、同治年间名人的笔记中，也有将这个词译作"糠摆渡"的，并就中文意思加以附会解释，称买办介于华人和外商之间以促成交易，犹如以糠片做摆渡之用。这种解释既有指明买办居于华、洋之间的作用，也暗含讥诮。不过尽管如此，却也歪打正着，部分道出了买办的职事性质。

胡雪岩要和洋人做生意，自然一定要结识这样的要紧人物。胡雪岩来到上海，设法托人从中介绍与古应春相识。请吃花酒是当时上海场面上往来应酬必不可少的节目，于是便由胡雪岩做东，尤五出面，在怡情院摆了一桌以古应春为主客的花酒。酒席上，古应春谈起他自己参与的洋人与中国人的一桩军火交易。那一次洋人开了两艘兵轮到下关去卖军火，本来价钱已经谈好，都要成交了，半路里来了一个人，直接与洋人接头，听说太平军有的是金银财宝，缺的是军火，洋人一听立即单方毁约，将原来议定的价格上涨一倍多。买方需要的军火在人家手里，自然只能听人家摆布，白白让洋人占了大便宜。

古应春讲这段经历，是因为愤慨于中国人总是自己相互倾轧，以致让洋人占了便宜。但古应春的这段经历，也引起了胡雪岩要尝试与洋人做一票军火生意的兴趣。在胡雪岩看来，当时有两个情况决定了这军火生意可做，而且一定可以做成功。第一，当时上海正闹小刀会，两江总督和江苏巡抚都为此大伤脑筋，正奏报朝廷，希望多调兵马，将其一举剿灭。兵马未动，粮草先行，可以先备下一批军火，官兵一到，就可以派上用场。胡雪岩知道江苏巡抚是杭州人，他可以通上这条路子。第二，此时太平军也正沿着长江一线向江、浙挺进，浙江为地方自保，正在办团练，也就是组织地方武装。办团练自然少不了枪支弹药，借王有龄在浙江官场的势力，促使浙江地方购进一批军火，也不成问题。反正洋人就是要做生意，枪炮既然可以卖给太平军，也就没有不卖给官军的道理。

事情一旦想定，立即便着手进行，这是胡雪岩一贯的作风。请古应春吃花酒的当晚，酒宴散后已是子夜，胡雪岩也仍不肯休息，留下尤五商谈与古应春联手同洋人做军火生意的事宜，甚至将如何购进、走哪条路线运抵杭州、路上如何保障军火安全都考虑到了。第二天他又约来古应春，又细细商定了购进枪支的数量、和洋人进行生意谈判的细节、如何给浙江抚台衙门上"说帖"等事宜。第三天，胡雪岩就和古应春一道会见了洋商，谈妥了军火购进事宜。从动起做军火生意的念头到此时，不到 72 个小时，这笔生意就让胡雪岩做成了。

胡雪岩认为，只要发现是财源，甚至只要产生一个念头，就立即想到去付诸实施，这就是要反应迅速，敢想敢干。他所面对的总是与时局、政局紧密相连，且总是处在不断变化之中的具体的市场。市场出现的各种具体情况以及变化，对于生意人来说往往既是挑战也是机会。能及时针对具体市场情况作出迅速反应，才能不断地为自己开辟新的经营渠道，也就是为自己开拓出新的财源。

想好就干，神速出击，这是值得任何一个现代人深深体会和借鉴的。

在人生的经营中，掌握主动性自然是非常重要的。聪明人必然懂得从不同的角度来利用已有的条件，甚至要善于在各种因素不利于自己的时候，设法改变不利因素，使之对自己有利。这就是我们常说的所谓创造条件。

其实成功所需要的各种条件，有些是可以创造的，比如胡雪岩要控制洋庄市场必须联络同行的条件，就可以通过自己的努力来创造，但有些却往往是人力无法创造的，比如在大多数情况下，政局的变化、市场的整体格局，就并不是一个或几个人所能决定的。这时候所能做的，往往也只能是等待。胆大心细，谋定而后动，这便是胡雪岩成功的一大诀窍。

生活中不乏这样一些人，他们在解决某些问题时，要么犹犹豫豫、畏首畏尾，要么不管不顾、冒冒失失，其结果呢？不是让大好的机遇白白溜走，就是有失稳妥而将事情搞砸。这两种人显然都是很难接近成功的。

正所谓"当断不断，反受其乱"。决策是不能一拖再拖的，而是需要在有效的时间、地点内完成的。否则，正确的决策一旦过了时间，就会成为错误的方案。要知道，凡是有志于成功的人，都会碰到关键的时刻，在这个时候，不能退缩，不能无主见，要敢于拍板拿主意，此时需要人有非凡的决策能力。

但同时也要注意，问题的各个方面都千丝万缕地联系在一起，牵一发而动全身，任何一个事物的变化都会引起一连串的连锁反应，一个决策的失误也必然会引起一连串的严重的后果。

所以，做事就要三思而行，谋定后动，这样就可以避免很多麻烦，也可以少走一些冤枉路。须知，选择正确，才能从容不迫、做得正确。也就是说，我们在做任何事情时，首先一定要安排周密，当确定无误以后，就果断地去做，如此不但不会错失机遇，又能应付自如，不会手忙脚乱，便可像谢安一样，在淝水之战的紧张时刻，还保有下棋的闲情逸致，才能拥有"泰山崩于前而色不变、麋鹿兴于左而目不瞬"的沉稳。

所谓"不谋全局者不足以谋一域，不谋万世者不足以谋一时"。人活着，不论是生活还是工作上，都会不断遇到新问题，在处理问题时，如果凡事不动脑筋先想一想，在没有充分考虑有利条件和不利条件的情况下就莽撞行事，必然碰壁，遭遇挫折，甚至留下后患。而如能事先全面考量，做到心中有数，计划周全，就容易完美解决问题。所以说，做人要懂得谋与断。

善谋之人，总是能对事物本质了然于心，从而有效地减低生存风险。他们如同细心的耕耘者，无论是在生活上还是事业中，总能以其睿智的头脑和稳健的性格将事情办得有条有理。

善断之人，容易在任何环境中脱颖而出，即便人生路上障碍重重，他们也能开辟出一片天地。这样的人，无论身处哪一领域都会是个优秀的领导者。

做人，若是能将善谋与善断合而为一，想必成功已然不远。

❖ 临场发挥，一变百通

看过《孙子兵法》的朋友应该有所了解，其《兵势篇》中这样写道："凡战者，以正合，以奇胜。故善出奇者，无穷如天地，不竭如江海。终而复始，日月是也。死而更生，四时是也。声不过五，五声之变，不可胜听也；色不过五，五色之变，不可胜观也；味不过五，五味之变，不可胜尝也；战势不过奇正，奇正之变，不可胜穷也。奇正相生，如循环之无端，孰能穷之哉！"这是该篇的精髓所在，主旨在于强调一个"变"字，它告诉我们，临场发挥，只有善于应变才能制胜，只有善变者才能长胜。

所谓应变，是指面对突发事件等压力时，迅速作出的临场反应，通俗地说就是应对变化的能力，良好的应变能力往往能使严峻的问题得到圆满的解决。

当然了，我们说懂得坚持是件好事，成功确实离不开这种品性，但过度的坚持就没有必要了，因为那只能称之为"固执"。近代大思想家梁启超先生就曾说过："变则通，通则久。"知变与应变是当代社会衡量一个人素质、能力高低的重要标准。人在做事时应该学会变通，放弃毫无意义的固守，如此才能将事情做得更好。咱们中国有句老话"树挪死，人挪活"，说的就是这个道理。种子一旦落地生根、长成树苗以后，就不要轻易移动，一动就很难再成活。而人则恰恰相反，人有智商，遇到问题需要灵活处理，这种方法行不通就换一个，总有一个是正确的。

咱们做人不可固守成规，不能钻牛角尖，倘若再走一步就是悬崖，你还非要直着走下去吗？所以说，在这尘世间行走，一条路走到黑万万不可，你必须要具体问题具体分析、具体情况具体对待，才能拿出最好的对策。固守成规只会束缚人的潜力发挥，不破不立，这是成功的硬道理。

我们来看看下面这个故事，很有借鉴意义。

一家集团公司的总裁即将退休，他需要在众助手中物色一位才智卓越的接班人。经过一段的观察，薛副总和秦副总进入了他的视线。

因为这二人皆善于骑马，所以总裁竟想出一个以赛马定人选的办法。

这一天风和日丽，总裁邀请两位候选人薛副总和秦副总来到马场。当二人应约而至时，总裁牵着两匹同样优秀的马走出来，说道："我知道你们都是马上高手，这里有两匹不相上下的良马，现在请你们二人比试一下，谁胜出，谁就接替我的位置。"

"薛副总，我把这匹白马交给你，而秦副总，你骑这匹黑马。"两位候选人接过马缰以后，仔细做了一番审视，包括马鞍等用具，生怕有所疏忽。

秦副总心里暗自高兴："幸亏我一直坚持练习马术，看来，这次总裁之位是非我莫属了！"想到这里，更是喜不自胜。

谁知，总裁宣布的比赛规则大出二人意料——"你们骑着马跑到马场的另一边，然后再跑回来，谁的马慢，就算谁赢。"

"什么！"二人瞠目结舌，半晌说不出话来。

总裁看着二人的样子，加大声音重复道："记住，这次是比慢，谁的马慢谁胜出。下面，请各就各位，我数三下比赛便开始。"

"一、二、三，开始！"

话落，薛秦二人仍呆立原地，不知如何是好。又过了一会儿，薛副总突然灵光一闪，迅速跳上秦副总的黑马，然后快马加鞭地向着前方跑去，将自己的马留在原地。

秦副总看到薛副总的举动，心中甚是诧异："他怎么骑了我的马？"

当他想明白个中缘由，显然已经迟了。他自己的黑马此时已经遥遥领先，而薛副总的白马还留在原地，任他怎样追也再难追上自己的马了。结果可想而知，秦副总的黑马率先抵达终点，秦副总输了这次比赛！

"恭喜！恭喜！"总裁高兴地对薛副总说，"你竟然能想出这种有效的创新办法，这足以证明你的才智，你一定能够胜任总裁之职。我现在宣布，下一届的总裁，就是薛副总。"

其实很多时候我们就跟秦副总一样，在处理问题时，总是习惯性地按照常规思维去思考，于是我们一味固守传统、不求创新、不敢怀疑，所以往往会走入人生的死胡同。其实既然此路不通，何不绕行？为何不跳出固有的思维模式，想别人未曾想、干别人未曾干，用"变通"的方法去敲开成功的大门？要知道，那些敢于怀疑、灵活巧变的人做起事来往往会事半功倍，取得意想不到的收获。

在职场上，领导者也往往更喜欢那些善于变通、顺势而动的人。首先，他们不用担心这样的人会受外部环境影响产生大的情绪波动，从而影响工作；其次，还可以依靠这种人在"非常时期"随机应变，解决突发事件。

其实不仅在工作中，人生处处都要懂变通。那些杰出人士之所以能够成功，其中很重要的一个因素就是善于变通。这里所说的变通实质上是一种弹性处理，这与"耍滑头"及没有原则是完全不同的。因事制宜，顺势而动，根据环境、配合需求，制定最佳策略，这才是弹性处理。分明已经是死胡同，还要硬着头皮往里闯，那就只能撞南墙。

伯恩·崔西提醒人们——很多事之所以会失败，是因为没有遵循变通这一成功原则。大千世界变化无穷，生活在这种复杂的环境中，是刻舟求剑、按图索骥，还是举一反三、灵活机动，将直接决定你的生存状态。

既然如此，那么我们又要如何来提高自己的应变能力呢？我们可以从以下几点入手：

1. 多参与一些富有挑战性的活动

富有挑战性的活动显然会令我们遭遇到各种各样的问题或是实际困难，想法去解决它，这个过程就是我们提高应变能力的过程。

2. 下意识地扩大交往人群

我们完全可以这样说，每一个社会群体都是整个社会的一部分，这个范围虽小，但我们依旧会遇到各种需要应变的问题。换言之，我们只有先学会应对小环境中的各类人群，才能推而广之，进一步去应对大社会下的大环境。

3. 强化自身，去掉惰性

如果说我们面对问题的态度一直拖沓散漫或是迟疑不决，就要刻意去锻炼自己分析问题的能力，以求在日后的实践中能够迅速作出决策。假如我们总是做事犹疑，半途而废，那就要从小事上做起，努力去督促自己、控制自己，下决心锻炼自己的恒心与毅力，如此一来，我们的应变能力也是会不断增强的。

事实上，无论你是否察觉到、无论你是否愿意，其实每个人无时无刻不在寻求变通。只不过有所不同的是，善于变通的人把自己越变越好，而不善变通的人则使自己越来越差。一个真正的聪明人不但能够灵活运用一切他已知的事物，而且还可以巧妙利用他未知的事物，能在恰当的时机将事情处理得尽善尽美，这完全可以称作是一门艺术。我们只要掌握了这门艺术，就能够应对人生中的各种变故，在变通中挖掘机会，在变通中走向成功。

❖ 随机选策，出奇制胜

在我们人生的这场博弈战中，能否在恰当的时间制定出最恰当的策略，非但会决定我们一时的成败，更有可能会决定我们一生的命运。我们都知道，时机这东西它没有特定性，它来得突然，走得更是随意，我们一时没有留意、一时把握不住，它可能就再不会给你机会。

况且，我们的人生是这样的——它很复杂、很混乱，每每你要作出一个选择时，便有可能同时有多种方案摆在你的面前，很显然，这么多个方案，不可能每一个都适合我们，这就要求我们开动自己的大脑，从中选出那个最适合自己、对自己最有利、最可行的。不过，这说起来容易，做起来的确有几分困难，这就要求我们具备看清事物本质的能力，如果说我们只是套用以往的经验，按图索骥，这显然是行不通的。要知道，在人生的关键时刻，我们一时把握不好，就很有可能作出令自己悔恨终身的决定。

尤其是我们所处的这个时代，发展的节奏比较快，种种变化令人眼花缭乱，你不适应，你就要被淘汰。这在某种程度上就要求我们必须具备处理问题的应变能力，问题一旦出现，我们必须及时地予以反应，否则，哪怕只是拖延那么几分、几秒钟，我们都有可能看到自己不愿看到的后果。

这就要求我们必须认真、冷静地对待人生中所出现的各种问题，因为只有冷静我们才能理智，只有理智我们才能迅速对事情作出分析和判断，才能对人生给出一个正确的选择。尤其是在人生中的关键时刻，我们更要力求平复躁气，提高心智，在第一时间对问题作出一个客观的审视、准确的判断，这样才能因事制宜，拿出最有效的策略。

大家一起看看下面这个故事：

有个商人，他把独生子送到外地去读书。不久这个商人突然病倒了，在弥留之际，他立下遗嘱，把家中所有财产都转让给了长期服侍自己的贴身奴隶。不过如果他的儿子要财产中的哪一件，奴隶须毫无条件地满足他。商人死了以后，奴隶很高兴。他披星戴月赶往外地，找到少主人，把老爷临死前立下的遗嘱拿给他看，商人的儿子看了以后十分伤心。

安葬好父亲后，儿子一直在心里盘算自己应该怎么办。最后，他跑去找社团中一个叫保罗的朋友，向他说明了情况。保罗听了以后说："你的父亲非常聪明，而且非常爱你。"儿子不满地说："把财产全部送给奴隶的人还谈得上什么聪明，简直是愚蠢。"

保罗叫这位少主人多动动脑子，只要想通了父亲希望他要的东西是什么。保罗告诉他："你父亲非常清楚，自己死后，身边没有一个亲人，奴隶可能会带着自己辛苦挣来的财产逃走，说不定连招呼都不打。所以，你父亲才在你不在身边的情况下使用了这种把全部财产保护下来的办法。"可是，商人的儿子还是无法明白，既然都送给奴隶了，保管得再好，对他又有什么好处。

保罗见他死不开窍，只好实话实说："奴隶的财产全部属于主人，这你是应该知道的。你父亲不是给你留下了一样财产吗？你只要选那个奴隶就行了。这是多么精明的想法呀！"

年轻人的父亲可谓用心良苦。原来，他使用了一个权宜之计，遗嘱中所给予奴隶的一切用一个"但是"作为前提，把奴隶霸占财产的想法变成了梦幻泡影。这个"但是"是这个商人所立遗嘱的关键。说穿了，商人在立遗嘱时就设下了计谋让它无效，在立约时就准备要毁约，因为他当时面临的是"要么让步，要么彻底失去"这种无可奈何的选择，所以他只能选择让步，把全部财产让给奴隶，使奴隶不至于带着财产逃走。这种让步是他心有不甘的，把财产全部给奴隶和奴隶带着财产逃走是一回事。为了解决这个难题，聪明的商人给遗嘱装进了一个自爆装置，儿子只要找到这个装置，就可以在履约的形式下取得毁约的效果。果然，在保罗的开导下，儿子真的启动了这个自爆装置，严肃的遗嘱在形式上得到了履行，而对那个奴隶来说，没有任何的意义。这就是出奇制胜。

我们在面对问题时，有很多的突破技巧可寻，"因事制宜"和"出奇制胜"就是其中之一。上文中智慧的商人正是利用此招数成功地保住了自己的财产，他的做法很值得我们学习和借鉴。

其实很多时候，我们能不能成功，重要的一点是看我们懂不懂得因时制宜。这世间的事，有难易之分，大小之别。有的事情和自己的切身利益紧密相连就要去办，有的事情和自己关系不大则可办可不办。如果你觉得自己即将要办的事情无法办到，就不要打肿脸充胖子；如果你觉得自己即将要办的事情把握不大，就要小心谨慎，亦步亦趋；如果你觉得自己即将要办的事情可以办到，就要放开手脚去办。因事制宜，才能把事情办好。

要想达到办事成功的目的，就必须有一点绝招，见人之所未见，行人之所未行，方可达到出奇制胜的目的。

知不出众知，不算高明；用众所周知的办法取胜于人，也不算有本事。你能举起一根毫毛，不能说有力气；能看见太阳和月亮，不能说有眼力；能听到轰隆的雷声，不能说耳朵比别人灵。会办事的人，总是先人而出，先人而动，出奇制胜。

出奇制胜需要一颗灵活的头脑。有人曾经说过，所有成功的秘密就在于对你身边的一切保持高度关注，调整自己以适应周围的环境；意识到时机资源的宝贵，在适当的时间里说别人想听的话和需要听的话；仅仅处理好事情是远远不够的，还需要在适当的时间和适当的场合去处理。

❖ 要有点敢于冒险的思想

坊间流传着这样一句话——"冒险越大，荣耀越多。"这话虽然有点偏激，但也确实有几分道理。其实在我们的一生中，风险几乎无处不在，如影随形。往往是，只有那些乐于迎战风险的人、作出决断的人，才更有希望战胜风险、获取成功。

我们不妨先来看看那些不愿冒险的人是什么样子——他们不敢笑，因为害怕冒一些显得愚蠢的风险；他们不敢哭，因为害怕冒一些显得多愁善感的风险；他们不敢暴露感情，因为害怕冒露出真实面目的风险；他们不敢向他人伸出援助之手，因为害怕冒被牵连的风险；他们不敢爱，因为害怕冒不被爱的风险；他们不敢希望，因为害怕冒失望的风险；他们不敢尝试，因为害怕冒失败的风险……但我们不能这样，我们必须让自己有点冒险的思想，因为生活中最大的危险就是不冒任何风险。

当然，冒险精神并非与生俱来，多半是由训练而来的，是经由冒险、失败、再冒险、再失败，一步步锻炼出来的。"保证什么都不会出差错"的人，一般都不能成什么大气候。其实，世界上任何领域一流高手，都是靠着勇敢面对他人所畏惧的事物才出人头地，而一些取得了成功的人，也都是如此，都是以冒险的精神作为后盾的。

冒险是每个人都无法逃避的生存法则。在我们每个人的成长经历中，都经过无数次的冒险：在幼儿时期，我们敢冒险地站起来学走路；年纪稍长时，冒险学骑自行车；如果有条件，有人还冒险学开汽车、学游泳、学跳伞……冒险需要勇气，而有了勇气，才可能动手去做事，没有勇气什么事都做不成。有勇气的人也会害怕，但是他会克服自身的恐惧，向不确定的世界迈进，而那些缺乏勇气的人只能平庸地像蜗牛一样地生活。

也许我们今天已变得稳健而保守，如果这样的话，就需要重新拾回失去的冒险本能，培养健康的冒险精神。

成功与财富，甚至你想拥有的每一样东西、每一项技能都不是与生俱来的，要得到这些，一定要经过冒险的阶段，并发挥"越失败，越勇敢"的精神，尝试，再尝试，才可能获得。

　　人类的进步与冒险精神是息息相关的，甚至从某种意义上说正是因为人类的冒险精神才促进了人类的进步。哥白尼的天体运行学说、美洲新大陆的发现等无数的事例，证明了人类的一系列发现和创造都是从冒险开始的。勇于冒险的人，并非不惧风险，只是因为他们能认清风险，进而克服对风险的恐惧。勇气源于控制恐惧，而培养冒险精神则始于对风险的了解，特别是对风险所造成的后果的了解。

　　敢想敢做是一笔宝贵的财富，它在使人冲动的同时却又给予人们以热情、活力与敢向一切挑战的勇气，但是在懦夫眼里，无论干什么都是很危险的。我们来看看下面这则寓言，它能给人以很大启示。

　　有一个人从小没有看见过海，他很想看一下大海到底是什么样的。有一天他得到一个机会，当他来到海边，那儿正笼罩着雾，天气又冷。"啊，"他想，"我不喜欢海；真庆幸我不是水手，当一个水手太危险了。"

　　在海岸上，他遇见一个水手，他们交谈起来。

　　"你怎么会爱海呢？"这个人奇怪地问，"那儿弥漫着雾，又冷。"

　　"海不是经常都冷和有雾，有时，大海是很美丽的，无论任何天气，我都爱海。"水手说。

　　"当一个水手不是很危险吗？"

　　"当一个人热爱他的工作时，他就不会再害怕什么危险，我们家的每一个人都爱海。"水手说。

　　"你的父亲现在何处呢？"

　　"他死在海里。"

"你的祖父呢?"

"死在大西洋里。"

"既然如此,"这个人带着同情和惋惜的语气说,"如果我是你,我就永远也不到海上去。"

"那你愿意告诉我你父亲死在哪儿吗?"

"啊,他在床上断的气。"

"你的祖父呢?"

"也是死在床上。"

"这样说来,如果我是你,"水手说,"我就永远也不到床上去了。"

一个人如果不敢冒任何风险,不敢作出任何决断,那么他的人生将是极度无聊和乏味的,并且真的很难有所收获。而一个人在冒险的过程中,就会让自己原本平淡无聊的生活变得激动人心起来,而且如果你能勇于冒险求胜,你就能比你想象的做得更好。

我们再来看看下面这个故事。

吉姆·伯克晋升为约翰森公司新产品部主任后的第一件事,就是要开发研制一种儿童使用的胸部按摩器。然而,这种产品的试制失败了,伯克心想这下完了,可能只好卷铺盖走人了。

伯克被召去见公司的总裁,不过,他受到了意想不到的接待。"你就是那位实验失败者吗?"罗伯特·伍德·约翰森问道,"好,我倒要向你表示祝贺。你能犯错误,说明你勇于冒险,而如果缺乏这种精神,我们的公司就不会有发展了。"数年之后,伯克已经成了约翰森公司的总经理,但他依然始终牢记着前总裁的这句话。

勇气和财富之间的关系是显而易见的,因为风险和收益往往是同时存在的。不管做什么生意，风险都是客观存在的。追求财富本身就是一种需要尝试者勇敢地面对风险、征服风险的过程，而且在一般情况下，风险越大，回报也就越大。因此，勇气的有无和大小，往往是失败和成功之间的分界线。

社会上不乏这样一种现象，许多人学识渊博，技术高超，脑子灵活，点子多，但就是富不起来，其原因则是他们缺乏胆量、不敢冒险。明明看准了的机遇，却不敢下决心去干；明明想好的点子，却不敢付诸实践。他们总是犹犹豫豫，优柔寡断，前怕狼后怕虎，最终想得多，干得少，成了思想的巨人、行动的矮子，这种人也是注定富不起来的。

一个不冒任何风险的人，什么也不做，到头来，只会什么也没有，什么也不是。他们逃避了痛苦和悲伤，但他们也不能学习、改变、感受、成长和生活。他们被自己的态度捆绑着，是丧失自由的奴隶。

有些人心细如发，做事的时候总希望把风险降到最低，事事求保险，这当然无可厚非。但是有些时候，机会稍纵即逝，稍有犹豫就很可能错失良机。做任何事情都是有风险的，如果一味拣有把握的事情做，那么你的人生可能永远是碌碌无为的。

有些人一旦遇到了棘手的事情，就一定要去和他人商量。这种优柔寡断的人，既不相信自己，也不会被别人所信赖。有的人简直优柔寡断到了无可救药的地步，他们不敢决定任何一种事情，不敢担负起应负的责任。而他们之所以这样，是因为他们不知道事情的结果会怎样，究竟是好是坏，是吉是凶。他们常常对自己的决断产生怀疑，不敢相信他们自己能解决重要的事情。因为犹豫不决，很多人错失了成功的大好机会。

敢想敢干，敢作敢为，这是成功必备的魄力！许多人也想成功，也能敏锐地发现成功的机会，但就是不敢行动，害怕失败，不能果断地抓住机遇，结果一个个成功的机会从他们身边溜过。无数成功者的实践都证明了，有胆有识的人，才有旺盛的进取心和强烈的斗志，才勇于创新，才能果断决策，从而走上成功之路。

当然，对于比较复杂的事情，在决断之前必须从各方面来加以权衡和考虑，但是一旦打定主意，就决不要再更改，不再留给自己后退的余地。一旦决策，就要有破釜沉舟的勇气。只有这样做，才能养成坚决果断的习惯，既可以增强人的自信，同时也能博得他人的信赖。有了这种习惯后，在最初的时候，也许会作出错误的决策，但由此获得的自信、自强等种种卓越品质，足以弥补错误决策可能带来的损失。即使冒险的尝试，也胜于胎死腹中的计划。

❖ 决策决定人的一生

曾有人说，市场经济的法则中，唯一不变的一条，就是任何事物都无休无止地处在变化之中。因此，面对社会的高速发展，许多新问题、新生事物会随时出现在我们面前，这就要求我们审时度势、综观全局、权衡利弊，于千头万绪中找出关键所在，及时地作出有效可行的决策。

决策，不仅是军国大事所需要的，普通人在日常生活与工作中也时时需要决策。人的所有目标是否能实现、效率如何、成功与否，都与决策息息相关。

正确的决策决定了人一生的道路与声誉。诸葛亮作《隆中对》得三分天下；朱元璋采纳"广积粮、高筑墙、缓称王"的建议，创立了明王朝；孙膑为田忌赛马献策而胜齐威王；李冰父子设计都江堰水利工程体系，妥善地解决了分洪、排沙、引水等一系列兴利除害的问题，等等。这些决策都是凭借领导者个人的阅历、知识和智慧进行的，所以，决策的成功与否也主要取决于领导者的阅历是否丰富，知识是否渊博，智慧是否过人。

现代社会科学技术日新月异，社会飞速发展，在这个多变的世界里，任何故步自封、因循守旧、优柔寡断、模棱两可及"一看、二慢、三通过"式的决策，都会使人坐失良机；任何心中无数、考虑欠周、粗枝大叶、匆忙仓促的决策，必然会使人损失惨重。

所以成功的决策者，必须善于在变化的世界中有效地把握机会。在商场上决策的正确与否，直接决定了一个企业的生存与发展，稍一失误，企业即可能损失惨重，甚至会为此落后于对手和时代。

美国 IBM 公司曾是计算机行业中叱咤风云的霸主。但是，自20 世纪 80 年代初以来，它的决策层没有充分地意识到在计算机行业发展到 20 世纪末软件应该比硬件更值得重视，它忽视了软件市场，"捍卫硬件市场"的决策，使 IBM 失去了进一步发展的大好机会，并造成了公司的重大损失：1992 年，IBM 公司亏损了 50 亿美元，股价也不断下跌。

与此相反，IBM 公司的竞争对手美国微软企业集团的总裁比尔·盖茨，却很好地把握了这一发展的机会，作出了一系列正确决策，并取得了巨大收益。微软在 20 世纪 80 年代初很快推出 MS - DOS 操作系统，这个系统一经问世即被定为一切个人电脑的通用标准，世界上使用的微电脑当中，十之八九使用的都是微软集团的操作系统。

当 IBM 公司发现自己失误后，1987 年提出与微软公司共同开发 DOS/2 新操作系统软件，但微软公司又捷足先登，立刻抢先推出了比 MS – DOS 更优越的 WINDOWS 操作系统，并很快使之畅销于世界各地。

微软的崛起和发展，归功于其总裁比尔·盖茨及其决策层善于把握机会，善于科学决策；同时，也与 IBM 决策层决策失误、坐失良机密不可分。

良好的决策仰赖着人的智慧、灵悟和直觉，似乎有着一定的神秘性。人也不可能一辈子都作出十全十美的决策而不发生失误，但任何决策还是有规律性、有技巧可循的。只要我们按着以下的几方面加以实施和提高，是一定可以形成正确的决策能力的。

1. 做一份平衡表

应用平衡表以权衡不同选择的优点和缺点。

2. 征求意见

当我们面临一项决策无从下手时，不妨找几个朋友、同事或亲属，征求一下他们的意见，听听他们的看法。

3. 信息的收集和筛选

科学决策，在很大程度上取决于在掌握信息的基础上如何善用信息。在对信息充分把握的基础上，决策者要通过对信息的分析、思考、判断、推理，然后进行选择、综合，才能把信息真正变成科学决策的源泉。

4. 谋事周全

问题的各个方面都千丝万缕地联系在一起，牵一发而动全身，任何一个事物的变化都会引起一连串的连锁反应，一个决策的失误也必然会引起一连串的严重后果。

"当断不断，反受其乱"。决策是不能一拖再拖的，而是需要在有效的时间、地点内完成的。否则，正确的决策一旦过了时间，就会成为错误的方案。

凡是成功者，都要碰到关键的时刻，在这个时候，不能退缩，不能无主见，要敢于拍板拿主意，此时需要人有非凡的决策能力。

成功者必须具备当机立断的决策能力。只有善于当机立断，有敏捷的思维，才能在复杂多变的情况下，应付自如。艾森豪威尔就是在紧急关头当机立断而取得成功的典范。

决策，从字面上分析有两方面的含义：一是决断，二是策略。也就是说，正确的决策不仅要求你决定做或者不做，更重要的是要讲究策略，研究怎么去做。

❖ 作高水平决断的四要素

在本章的最后一节，我们就来归纳总结一下——如何才能作出高水平的决断。

毫无疑问，在人之一生中，必然要作出数不清的决断。有些决断确实微不足道，就像买什么菜做晚饭之类，对于我们的人生几乎没有什么影响，但有些决断确实足以影响我们的一生，譬如选择一个什么样的配偶、什么样的职业等，这些选择足以令我们的人生为之发生改变。换言之，我们的人生能否达到希望中的那样成功，关键就在于我们作出了多少正确的决断，更关键的是，在人生的紧要关头，我们的决断是不是会出现失误。完全可以这样说，我们的决断就决定着我们的生活质量。面对人生中那些模糊的、不确定的甚至相互冲突的选择，我们必须顶住巨大的压力，作出正确的决断并采取行动，以保证生存的稳定性以及人生的最终成功，这正是我们为自我人生创造价值的方式。

那么，我们究竟要如何才能保证决断的正确率呢？在这里，我们为大家提供了一些参考：

其一，我们要把握住时机，决断时力求明确，不要优柔寡断。

时机的重要性相信已不需要再对大家多做赘述。在这里只需再强调一次——适时的、及时的决断，才是有实际价值的决断，这是作出高水平决断的前提。我们生活的世界中，事物发展变化的节奏飞快，往往令人难以把握，但我们不能因为情况不十分明朗就瞻前顾后、优柔寡断甚至是拖延逃避。要知道，我们作出决断——这是一个需要在短时间内完成的过程，过了这个过程的有效期，即使我们找到了清晰的思路、拿出了最正确的选择，也失去了其效力与价值。

其实一个决断能否顺利实现，关键要看我们对于自己的人生是否具有高度的责任感与足够的担当。我们在作决断的时候，很关键的一点就是必须要有自己的见解，能够通过自己以往积累的人生经验，通过缜密的逻辑思维，作出独立的判断。这就给我们自身提出了一些要求，这要求我们一要有智慧，二要有勇气，有智慧而无勇气，那是懦夫，有勇气而无智慧，那是莽夫。其实对于我们大多数人来说，问题不在智慧与才能上，因为人的智力其实并没有相差那么多，但一部分人有魄力、有勇气，所以他们更为成功，大多数人缺的恰恰是那么一点智慧与勇气，于是人生并不是那么景气。

换言之，我们不能因为害怕失误而犹疑不决，作决断的时候

"和稀泥"，含糊不清，没有一个明确的选择。这样的做法，或许不会给人生带来什么大风险，但也没有实际意义，而一次又一次的、没有实际意义的决断，就是我们人生的最大失误！所以说我们在作决断时，一定要注意以下两点：

1. 把握时机。我们要针对某件事作出决断，就要对其有一个客观的、冷静的审视，要认真研究它的各个要素，要在诸多因素中把握主要因素。在对事情有了一个客观了解以后，还要看看解决该问题的主客观条件是否成熟，倘若条件不成熟，不要匆忙行事，妄下决断，这个时候我们可以稍微缓一缓，至少要等到时机基本成熟。

2. 当机立断。一旦时机成熟或基本成熟，又或者事情突然出现了转折，展现出新的良好契机，就不可再犹豫，就要当机立断，果断作出选择。否则，一旦错失良机，反而会使事情更加棘手，这也就是我们常说的"当断不断，反受其乱"。

其二，决断时要辨清利弊，总观全局，不要因小失大。

早在千年前，先贤孟子就曾经说过"鱼，我所欲也，熊掌，亦我所欲也；二者不可得兼，舍鱼而取熊掌者也。生，亦我所欲也，义，亦我所欲也；二者不可得兼，舍生而取义者也。"其实在现实生活中，我们就时常面临这样的问题——可能我们的选择存在着局部与整体、眼前与长远相冲突的问题。这就需要我们在作出任何决断之时，都要把利弊权衡好，两利相衡取其大，两弊相衡取其轻，力求不因小而失大，不因局部影响整体，不因眼前利益而损害长远利益。这要求我们在作决断时必须保持清醒的头脑，要摸清情况、看透事实，不要被事物的表象所蒙蔽，作出错误的选择。更不要以个人的好恶作决断，我行我素，一意孤行。

我们在这里所说的顾大局其实主要有两层意思：

1. 不要眉毛胡子一把抓，什么事都想做、什么事都想管。要知道，我们是人不是神，不可能面面俱到，倘若事事都想把握，就会因小失大——大事把握不好，小事摆弄不完，空耗时间与精力，人生却没有明显的起色，这是我们决断中的一个大忌。

2. 我们必须提高自身的素质，学会运用矛盾的原理，弄清什么是矛盾的主要方面，借此抓住事情的本质。

要做到这两点，关键就在于我们对全局、对长远的把握，这同时也要求我们勤学习、勤思考，不断地去积累知识和经验，不断地去完善自我，全面提高自己的认知能力。在分析问题时要思维缜密，保持理智的大脑与长远的目光，争取决断的最佳化。

3. 决断时不要刚愎自用，有必要借鉴别人的意见。

我们说作决断要有自己的主见，但这并不表示我们就要刚愎自用、独断专行。其实我们作决断时，除了运用自己的知识和经验外，也有必要去听一听外面的声音，或许他们的建议正是我们的不足，这足以令我们的决断更加正确。要知道，我们的精力和能力毕竟有限，我们不可能用有限的能力去决断无限的问题，倘若自信过了头，反而会给我们的人生带来失误。譬如说，我们可能会因为只注意有可能成功的一面而忽略失败的可能性，从而冒失轻进，导致失误。这就要求我们敢于去接受意见，更要善于听取意见。毕竟，意见也并非全是正确的，它们有的确实可取，有些又确实不合适。所以，对于外界的声音，我们要善于分辨与筛选，要找出对自己有价值的信息，也就是所谓的"取其精髓，去其糟粕"。

4. 决断不可过于死板，要懂得随机应变。

在这个世界上，一切的一切都在不断变化着，所以，决断不可拘泥，要留下变化的余地。虽然我们一再强调作决断要迅速果敢、清晰明确，不可犹疑不决，但有些时候，假若事情发生了较大变化而我们仍不做改变，那么决断就会变得不合理，就必须作出矫正。

这就要求我们在作决断时不要满打满算，不要墨守成规一成不变，要以变化的眼光、发展的态度去看待问题。即便那些已经作出决断的事情，事实上它也有可能在执行过程中发生重大变化，这种时候，就要求我们随着时机和实际情况的变化作出相应的反应，拿出比较符合实际的方案，依据客观条件对形势作出新的判断，并付之于行动，使其发挥效力。

决断在我们的人生实践中具有决定性的作用，是人生能否成功的直接因素，关系到我们生活的质量。但是，由于这个世界上存在着太多的不确定因素，往往令我们面对诸多压力与干扰，使决断显得越发困难。这就要求我们必须时刻保持清醒的头脑，遇事保持理智，善于应变、敢于创新，同时也不要忘记耐心去倾听来自外界的意见，综合主客观条件迅速反应、果断行动。

创新——灵感就在一瞬间

　　毫无疑问，创新是需要有一定灵感闪现的，没有灵感，没有发散思维，没有一定的想象力，是构思不出什么好方案的。所以现在我们需要做的是，多多去观察身边的事物，尽量去收集身边的信息，并迅速对装入大脑中的信息进行分析、整合，以便更好地使自己的创新灵感迸发出来。

❖　创新——灵感就在一瞬间

　　进入 21 世纪以后，人们口中提到最多的字就是"新"，诸如新世纪、新时代、新经济、新风貌、新发展、新气魄、新跨越，等等，可谓不胜枚举。的确，新世纪是知识经济的世纪，是一日千里的信息时代，在大时代背景下，生存竞争愈演愈烈，一个人如果想在新世纪立足，就必须拥有创新精神，否则等待我们的必将是被淘汰！

　　然而，虽然大家都在谈论创新，但却有很多人简单地认为，创新就是追赶时髦或对国际先进事物进行"汉化",又或者只是做一些象征性的改动,这显然是不正确的。创新,应该是一种超前性的创造活动,它源于灵感。灵感亦称之为灵感思维,它是指文艺、科技活动中瞬间产生的富有创造性的突发思维状态。它是对创新的一种启示,它能够为我们提示创新的关键信息,只是,大多数人又往往总是对这种启示视而不见,任其流逝。而只有那么一部分人,他们乐于动脑又思维敏锐,有创新的欲望又具备足够的自信,他们才有资格成为灵感的受益人。换言之,灵感这东西是很有时效性的,它往往稍纵即逝,所以我们必须及时地加以捕捉和利用。相信大家或多或少都有过这样的体会,我们有时就是会因为一句不经意的话、一件不经意的事而瞬间迸发出智慧的火花,而这些不经意的智慧火花往往都是悄然而至,但如果我们只是想想而没有重视它,那么它就又会悄然而去,如此,我们的人生、我们的世界就不会因为这些"不经意"而倍加绚丽、生动。

爱因斯坦说过:"我想大家在工作中也会有体会。苦思冥索不得其门,找不到道路,然而不知怎么回事,它突然来了,这就叫灵感。"是的,这就叫灵感,其实智慧的中国人早就发现了灵感的存在,他们已然留下了不少描绘灵感的诗词,譬如:"一语惊醒梦中人"、"山重水复疑无路,柳暗花明又一村"、"灵机一动,计上心头",等等。显然易见,灵感这东西从古至今就存在于我们的世界中,而且确实对于人们的生活产生了不容小觑的影响和作用,那么不如我们就一起去详尽了解一下"灵感"。

灵感,它是具有偶然性的,你摸不准它什么时候出现。它可能会出现,也可能一直不出现;它可能这样出现,亦有可能那样出现;它随时随地都有可能出现,但时间和地点却是随机的;它无法预测,你不可能事先对其做好安排。它的形态也有所不同,可能如泉涌，也可能如抽丝，它往往不请自来，又稍纵即逝，这就是灵感的偶然性，一如德国著名哲学家费尔巴哈所说的那样："灵感是不为意志所左右的，是不由钟点来调节的，是不会依照预定的日子和钟点迸发出来的。"它的这一特性要求我们必须在灵感出现时及时进行捕捉、摘记，你思维稍慢、行动稍缓，便有可能只剩遗憾。

灵感又带有一定的模糊性，它像我们所展现的东西，未必全部都是完整清晰、精确成熟的，甚至对我们而言，未必是有价值的。也就是说，灵感送给我们的礼物，往往只是"半成品"，它是精细与粗糙相混杂，是零碎不全、模糊不清、真伪皆存的。如此，就需要我们在大脑中迅速对其进行过滤、加工和整理。换言之，它提供给我们的只是一个线索、一种方向和途径，而要做到有所创新，还需要我们在此基础上付出一定的努力才行。

由此可见，灵感于创新而言，还只是外部条件，足够的自信、敏锐的思维、创新的欲望——这些才是我们实现创新的内因所在。前者可以说是创新的一个诱因，后者则是创新的动力。创新，光有灵感不行，它需要有自信、有行动、有方法。只有具备了这几大要素，我们才能如愿以偿地收获创新成果。而泯灭灵感、阻碍创新的，无疑就是懒散。

事实上很多人在人生路上无法获得成功，恰恰就是因为过于迷信原有的思想、观念、思维方式与思维方法，太过安于现状不思求变，于是便只能一成不变地生活着。咱们中国有句老话"旧的不去，新的不来"，常被用来安慰那些因丢失某些东西而倍感失意的人，其实将其放之在创新上也是颇为适用的。所谓创新，就是对已知事物的一种改造甚至是推翻，它需要我们在灵感迸发以后，大胆地对已知事物做出假设和质疑，在符合实际的情况下，自信地对自己的想法进行实践。这又要求我们至少具备发现问题的能力，探索问题的能力，思维的灵活能力，产生新思想的能力，预见未来的能力，知识与经验的使用能力等，因为只有这样，我们才能够对不同假设与方案进行评估与判断，才有能力对自己的想法进行实践和验证。

相信没有人会怀疑我们生活的社会竞争是十分激烈，而且，在这个年代，竞争的实质俨然已不再单单是知识的竞争，而是一种综合素质的竞争，其中很重要的两点就是思维能力和创新能力。如果我们不重视培养自己的创新性思维能力，那么我们将会逐渐为这个社会所淘汰。这至关重要，所以从现在起，我们就必须重视起来，重视自己的每一个灵感闪现，重视培养自己敏锐的思维能力，重视对已知事物的怀疑，要快！这容不得我们再迟疑。

❖ 心变了，世界也就变了

我们追求的是智慧、是独立，我们也要有属于自己的成绩，不是吗？所以，就像前文所说的那样，在这个世界上，我们需要有创新的思维。倘若我们的心一直不思改变，那么，我们又如何要求自己的人生质量发生改变？其实很多时候，只要我们的"心变了"，世界也就会随之改变。

张若玫，曾是一位默默无闻的软件研究员，然而她又是一位拥有无比创新意识的华裔女性。从一个靠每月 125 美元奖学金在美留学的女孩，到成为华尔街交易模式的划时代变革者，最后变为世界创新权威……

26 岁，张若玫博士毕业，进入贝尔实验室做研究员，她是实验室所有史以来的第一位女性电脑软件研究员。每天要面对世界顶尖的研究学者，既满心欢喜，又总是战战兢兢。在贝尔实验室的副总裁——诺贝尔奖获得者潘兹亚斯的一次内部演讲中，潘兹亚斯以自身的经验对新进的研究员说："不要墨守成规。"而这句话也成为影响张若玫最深的一句话。

有了这种创新精神的发挥空间，张若玫大胆地进行探索与研究的生涯开始了。并于不久后，她发表了专利论文"高稳定度多任务传输协议"，这是一种可以同时传送资料给不同使用者的技术，成为当时推动数据库与分布式系统的重要技术。

5 年的贝尔实验室生活结束后，她于 1984 年进入硅谷，加入 SUN 公司，成为网络档案系统研究小组的创始成员。

在 SUN，她与科技界称之为"AVA 之父"、有"科技天才"之称的派屈克·诺顿比邻而坐，在那里，她学到了最新的网络技术的开发。1986 年 3 月，SUN 上市成功，成为美国最红的公司。张若玫心中隐然升起一个自己出来创业的念头。当即，她便与曾任康乃尔大学教授、拥有柏克莱大学博士学位的夫婿离开了 SUN，和几个人共同创办 Teknekron。这是她首度创业，也是由科技人员转型为商人的第一个阶段。自此，张若玫的命运开始了重大转变。

创业之始，她帮高盛设计债券和外汇实时信息系统，将新闻、债券利率和汇率整合在一个大屏幕上，随时更新，让交易员和客户能更快作出买卖决定。当时的华尔街采用的是路透社的系统，全部为硬件接入，操作麻烦，需要在显示屏幕上不断地切换各种信息频道。没有任何华尔街经历的张若玫，突然间有了一个想法：是否可以用软件去解决这个问题？

她开始为自己的想法尝试着去做，不久便开发出了一种新的交易工作站产品。

事实很快证明，就是这个技术的应用彻底改变了整个金融界的交易方式，革命性地更新了当时金融界的线上数据交易信息系统，改变了全球金融市场的资讯传输方式，使华尔街金融交易方式有了划时代的变革。

"事实上，我并不是为创业而创业，我只是每一步都觉得很好奇，然后就去做。做了以后才发现事情的价值。"

张若玫说，她是一位中国人，她的信心和决心都是中国人的血液赋予她的特性。但在美国一直创业了 30 年，她也受到了美国人思维方式的影响。因而她相信女人与男人一样是优秀的，只要她们善于发挥自己的性格优势，每个人都可以拥有一个幸福而成功的人生。

张若玫的远见卓识和创新精神，不断地取得了一个又一个成功。她的永不墨守成规的创新性格与进取精神值得每一个渴望成功的朋友学习。

事实上，很多人已经发现，机遇是一种偶然，也是一种必然。因为有的人注定一生不能发现机遇，即便机遇就在眼前；而有的人则注定会发现很多机遇，即便机遇离他很远，他一眼便能看见。

这就是平凡者和伟大者的区别。经过分析发现，这种区别在于他们自己的眼光。平凡者的眼光是平凡的，即便看见一些不平常的现象，他们也会习以为常，走马观花般地匆匆而过。然而就在他习以为常的现象后面，往往躲着他找寻已久的机遇。而对于那些成功者而言就不一样了，即便是一件平凡的事情，在他们眼中都会有不平凡之处，他们能发现藏在这些现象背后的机遇，即便要找寻这个机遇得拐好几个弯，他们也不会错过。当一个人处于一种难以解脱的困境或者是在工作中遇到难题时，要善于从原有的思维中跳出来，换一个角度或者是思维，重新去考虑问题，寻求解决之道，因为只有你的"心"变了，才能迎来新的曙光。

竞争于人而言，基本是平等的，无论男人女人。社会环境宛如一条不断流淌的河流，时时都在动、都在变化。眼前的成功只是暂时的，任何成功的经验都不是一成不变的，你要想时刻处于成功的位置，就必须不停地否定自己，时刻督促自己进行变化、进行创新，否则后果将不堪设想。

❖ 没有独立的思维，何谈创意与灵感

记得爱默生曾经说过："想要成为一个真正的'人'，首先必须是个不盲从的人。你心灵的完整性是不容侵犯的……当我放弃自己的立场，而想用别人的观点去看一件事的时候，错误便造成了……"的确，一个人只要认为自己的立场和观点正确，就要勇于坚持下去，而不必在乎别人如何去评价。

美国的威尔逊在最初创业时，只有一台价值 50 美元分期付款赊来的爆米花机。第二次世界大战结束后，他做生意赚了点钱，于是就决定从事地皮生意。当时，在美国从事地皮生意的人并不多，因为战后人们一般都比较穷，买地皮建房子、建商店、盖厂房的人很少，地皮的价格也很低。当亲朋好友听说威尔逊要做地皮生意，都强烈地反对。而威尔逊却坚持己见，他认为反对他的人目光短浅，虽然连年的战争使美国的经济很不景气，可美国是战胜国，经济会很快进入大发展时期。到那时买地皮的人一定会增多，地皮的

价格会暴涨。于是，威尔逊用手头的全部资金再加一部分贷款在市郊买下很大的一片荒地。这片土地由于地势低洼，不适宜耕种，所以很少有人问津。但是威尔逊仔细调查分析以后，还是决定买下了这片荒地。他的预测是，美国经济会很快繁荣，城市人口会日益增多，市区将会不断扩大，必然向郊区延伸。在不远的将来，这片土地一定会变成黄金地段。

后来的发展验证了他的预见。不到三年时间，美国城市人口剧增，市区迅速发展，大马路一直修到威尔逊买的土地的边上。这时，人们才发现，这片土地周围风景宜人，是人们夏日避暑的好地方。于是，这片土地价格倍增，许多商人竞相出高价购买，但威尔逊不为眼前的利益所惑，他还有更长远的打算。后来，威尔逊在这片土地上盖起了一座汽车旅馆，命名为"假日旅馆"。由于它的地理位置好，舒适方便。开业后，顾客盈门，生意非常兴隆。从此以后，威尔逊的生意越做越大，他的假日旅馆逐步遍及世界各地。

坚持一项并不被人支持的原则，或不随便迁就一项普遍为人支持的原则，都不是一件容易的事。但是，如果一旦这样做了，就一定会赢得别人的尊重，体现出自己的价值。

现在人们生活在一个充满专家的时代。由于人们已十分习惯于依赖这些专家权威性的看法，所以便逐渐丧失了对自己的信心，以至于不能对许多事情提出自己的意见或坚持信念。这些专家的观念之所以取代了人们自己的观念，主要因为是人们让他们这么做的。

没有独立的思维方法、生活能力和自己的主见，又何来创新思维和灵感？那么生活、事业就无从谈起。众人观点各异，欲听也无所适从，只有把别人的话当参考，坚持自己的观点按着自己的主张走，一切才处之泰然。

一个人能认清自己的才能，找到自己的方向，已经不容易；更不容易的是，能抗拒潮流的冲击。许多人仅仅为了某件事情时髦或流行，就跟着别人随波逐流而去。他忘了衡量自己的才干与兴趣，因此把原有的才干也付诸东流。所得只是一时的热闹，而失去了真正成功的机会。

我们也许可以做这样的理解："要尽可能地从他人的观点来看事情，但不可因此而失去自己的观点。"

当我们身处于陌生的环境，没有任何经验可供参考的时候，就需要我们不断地建立信心，然后才能按照自己的信念和原则去做。若说成熟能带给你什么好处的话，那便是发现自己的信念并有实现这些信念的勇气，无论遇到什么样的情况。

时间能让我们总结出一套属于自己的评判标准来。举例来说，我们会发现诚实是最好的行事指南，这不只是因为许多人这样教导过我们，而是通过我们自己的观察、摸索和思考的结果。很幸运的是，对整个社会来说，大部分人对生活上的基本原则表示认可，否则，我们就要陷于一片混乱之中了。保持思想独立不随波逐流很难，至少不是件简单的事，有时还有危险性。为了追求安全感，人们顺应环境，最后常常变成了环境的奴隶。然而，无数事实告诉人们：人的真正自由，是在接受生活的各种挑战之后，是经过不断追求、拼搏并经历各种争议之后争取来的。

如果我们真的成熟了，便不再需要怯懦地到避难所里去顺应环境；我们不必藏在人群当中，不敢把自己的独特性表现出来；我们不必盲目顺从他人的思想，而是凡事有自己的观点与主张。

对于生活中的我们来说，能拥有自己的完整心灵，使其不受外界环境侵犯，即坚守心灵的感应，不要盲从，不要随波逐流，这是非常重要的。请一定记住：跟着别人走，你永远也激发不出属于自己的灵感。

❖ 创意的绊脚石

我们先来看看下面这几则故事：

故事一：苍蝇的智慧

美国密执安大学著名学者卡尔·韦克曾做过这样一个实验：将6只蜜蜂及6只苍蝇装进同一个玻璃瓶中，然后将瓶子平放，让瓶底朝向窗户。通过观察他发现——蜜蜂不停地在瓶底寻找出路，直到力竭而死；苍蝇则会在两分钟之内，穿过瓶颈找回自由。事实上，正是由于蜜蜂对光亮的喜爱和它们的超群能力，才使得它们走向灭亡。

实验告诉我们，那些过分迷信于自己的能力和判断、固守教条的人，最后往往难逃厄运。人类的生存环境变得越来越不可预期、不可想象、不可理解，生活中的"蜜蜂们"，随时都有可能撞上走不出去的"玻璃墙"。

故事二：驴子过河

驴子进城，需要渡过一条河。去时它驮着盐袋，盐遇水化了不少，驴子感到周身轻松；回来时，尝到甜头的驴子想要如法炮制一番，但这次它驮的是棉花。结果，棉花浸水以后越来越沉，驴子不堪重负，溺死在河中。

这个故事说明，在不断变化的外部环境和自身状况面前，一味套用以往的成功经验是极其愚蠢的。车轱辘往后转，人要向前看！

不要习惯性地认为以前的"正确"就一直都"正确"，很多事情必须要在尝试以后才能得出结论。解决问题的方法有很多，只要在法律、人伦允许的范畴内，能让自己的人生取得成功，那就是"正道"。在这个瞬息万变的世界中，如果你想好好生存，就必须拥有创新的智慧，而不是教条式的机智。

故事三：猴子与香蕉

有人将5只猴子关入铁笼，铁笼上方挂了一串香蕉，旁边设有一个感应装置，一旦猴子接近香蕉，立即便会有水喷向笼子。猴子们发现了香蕉，如此美味怎能放过？于是其中一只奔了过去，结果，它们全部成了落汤鸡。猴子们不甘心，一一前去尝试，结果被淋了5次。于是猴子们形成了统一意见——绝不可以去拿香蕉，因为会有水喷出来。

后来，人们将其中一只猴子牵走，放入一只新猴。新猴一见到香蕉，马上就要去摘，结果被其他4只狠狠打了一顿，因为它们害怕新猴连累自己被水淋。新猴又作了几次尝试，最后被打得一头血，因此只好作罢。人们如法炮制，再牵出一只旧猴，放入一只新猴，并且撤掉了喷水装置。然而，这只新猴依旧如它的"前辈"遭受了同等待遇。如此一来二去，笼中的旧猴全部被换成了新猴，但没有一只猴敢去动那串香蕉，虽然它们都不知道"不能动"的原因。

毫无疑问，是旧经验束缚了猴子，令原本唾手可得的美食变得遥不可及。事实上，很多人的思维与这些猴子毫无二致，他们在遭遇某类挫折之后，就变得"一朝被蛇咬，十年怕井绳"，唯唯诺诺不敢向前。殊不知，时过境迁，原本危险的东西如今或许正是成功的捷径，为何不去尝试？为何不敢突破？一个人想要有所建树，就必须打破旧经验，就必须要变化，只有变化了才会有希望。

美国著名管理学大师彼得·杜拉克曾经说过："不创新，就死亡！"此语乃是验证无数客观事实得出的结论。近年来，宣布破产的企业老总比比皆是，原因也是各种各样，其中很重要的一条就是被旧思维束缚了自己，这就是我们创意性思维的绊脚石。

那么，我们又如何踢开这绊脚石，有意识地培养自己的创新思维呢？

这就要求我们必须学会用两种方法思考问题。我们可以做这样一个比喻，假若思考是一部大车，那么逻辑思维和非逻辑思维就是这部车的两个轮子，想要这部车子前进，那么两个轮子就必须协调运转起来。换言之，在思考的过程中，我们要将非逻辑思维运用在有待创新的问题上，从而提出新设想，打通新思路，其作用主要在于摸索、试探，冲破传统的束缚，打破常规束缚；而要将逻辑思维运用在对新设想、新思路的整理和筛选上，以此归纳出一个解决问题的最佳方案，其主要作用在于检验和论证。

另外，香港《明报》曾发表一篇名为《创意的绊脚石》的文章，并列举了其种种表现，我们很有必要了解一下，再反其道而行之，便极易激发出自己的创意性思维。

1. 太过强调用逻辑去分析问题，只用垂直思考方法及着重语言思考。

2. 一开始便替问题下一个定义，往往因此而令思路太狭窄。

3. 喜欢用一些所谓"正统"的看法去看问题，遵循既有的规则去办事，并为以往的经验所限。

4. 认为每个问题都有一个标准的答案，因此只喜欢向一个方向找答案，不能想出多个解决方案。

5. 过早下结论。

6. 抗拒改变，不愿承认改变是生活的一部分。

7. 经常批评新尝试或建议。这种错误的思维方法要注意克服。

❖ 别把思维束缚起来

前文已经说过，在这个瞬息万变的时代，人的思维也要跟着变化、墨守成规、不知变通显然是不行的，这样的人只会残酷地遭到淘汰。人，还是要活络一些。然而，很多时候，我们往往会受到思维定式的限制，一旦碰到用现有方法解决不了的事情，就认为这件事不可能成功了，其实只要你能突破这种惯性思维，你就会发现世界上根本没有所谓的不可能。

我们以生意场为例，在生意场上，如果想要财源广进，经营者就一定要有精明的生意人眼光，要能看得准、看得远，同时还要眼界开阔，头脑灵活。所谓眼界开阔，头脑灵活，简单地说，就是不要死守住一个自己熟悉的行当，而要善于在其他行当中发现可以开发的财源，说到底，也就是要时刻想着去不断地寻找新的投资方向，不断地扩大自己的投资经营范围。一个生意人如果只能看到自己正在经营的熟悉的行当，最终只会是抱残守缺，连正在经营的行当都不一定经营得好，更不用说为自己广开财源了。

因此，做生意一定要做得活络。做生意要活络，应该有两层意思：一是不要死守一方天地，要能根据具体情况作出灵活反应，二是反应要迅速，想到了就立即着手去做，不放过任何一个机会。

谈到做生意，我们就不能不再说说胡雪岩。胡雪岩的生意就做得活络。在他驰骋商场一步步走向鼎盛的过程中，他灵活机动，四下出击，真可谓一步一个点子，一路一趟拳脚，一动一套招式，而招招式式都能为自己点化出一条财路。

胡雪岩为自己的蚕丝生意和帮王有龄办湖州官府的公事，几下湖州，结识了湖州颇有势力的民间把头郁四。胡雪岩凭着他的仗义和见识，也因为他帮助郁四妥善处理了家事，深得郁四敬服。为了报答胡雪岩，郁四做主，为胡雪岩娶了寡居的芙蓉姑娘做外室。

芙蓉姑娘的娘家本来也是生意人，祖上开了一家很大的药店，牌号"刘敬德堂"。刘敬德堂传至芙蓉姑娘父亲一辈时也还有些规模，不想她父亲 10 年前到四川采办药材，舟下三峡，在新滩遇险船毁人亡。她的叔叔外号"刘不才"，本来就是一介纨绔，极尽挥霍还特别好赌，接下家业不到一年就无法维持，药店连房子带存货都典给了别人，自己落得以告贷为生。不过这刘不才也有一个特别之处，就是俗话说的"瘦驴不倒架"，还有那么一点顾及脸面的硬气。比如自己潦倒到了极点，却还死活不同意侄女芙蓉给人做偏房，说是我们刘家穷是穷，但也没有把女儿给人做偏房的道理。芙蓉再嫁，他死活都不想认胡家这门亲戚。再比如潦倒归潦倒，但即使到了告贷无门的地步，他都不肯押出自己手上的几张祖传秘方，以为只要秘方还在，家底就还在，心里还想着有一天要重振家业。

胡雪岩娶了芙蓉姑娘，这位不想认他这门亲戚的刘不才自然也是一个麻烦：不能不管，在一般人看来又确实是没法管。这时胡雪岩可以有两个选择：一是按郁四的想法，送刘不才一笔银子打发了，不再与他发生任何关系；一是按芙蓉的想法，由芙蓉劝动刘不才拿出那几张祖传秘方，胡雪岩帮忙卖它万把银子，让他自己去过活。

胡雪岩却不这样想。他一定要认了这门亲，他要借刘不才开一家自己的药店。他凭着自己的眼光，一下子就看出药材生意在此时也将是一个相当不错的财源。这乱世当口，其一，军队行军打仗，转战奔波，一定需要防疫药；其二，大兵过后定有大疫，逃难的人生病之后要救命药。因此只要货真价实，创下牌子，药店生意就不会有错。而且，开药店还有活人济世、行善积德的好名声，容易得到官府支持，在为自己赚钱的同时，还能为自己挣得好名声，何乐不为？自己不懂这行生意不要紧，刘不才懂，只要能够将他收服，迫他改掉身上的毛病，他就可以当起大用，而且他手上的那几张祖传秘方也正好可以充分利用。想妥这些之后，胡雪岩请郁四帮忙，摆了一桌"认亲"宴，就在这认亲宴上便谈妥了药店开办的地点、规模、资金等事项。

胡雪岩的胡庆余堂也就这样立起来了。在其后的几十年中，胡庆余堂成为名闻天下的老字号药店，不仅成为胡雪岩的一个稳定财源，也为他挣来了"胡大善人"的好名声，对他的其他生意也带来了极好的影响。

一个钱庄老板，在本业之上还要去做蚕丝生意销洋庄，在做着蚕丝生意的时候又想起开药店，胡雪岩这四面出击、不断为自己广开财源的灵活性，确实不能不让人叹服。事实上，一笔生意再大，也只能有一次的赚头；一个行当再赚钱，也只是一条财路。显然，要广开财源，死守着一方天地是绝对不行的。胡雪岩说，做生意要做得活络。这里的活络，自然包括很多方面，但不死守一方，灵活出击，而且想到就做，决不犹豫拖延，应该是这"活络"二字的精义所在。

要知道，那些头脑呆板、固守教条的人，最后往往难逃厄运。

人类的生存环境变得越来越不可预期、不可想象、不可理解，我们随时都有可能撞上走不出去的"玻璃墙"。

下面，是我们为大家甄选的一组摆脱思维定式的训练题。它的真正意义就在于帮助我们探索事物存在、运动、发展、联系的各种可能性，从而改变我们思考问题的单一性，僵硬性和习惯性。

1. 牧场上有一匹马，马头朝东站立，而后它向右转了270度，请问：这时马尾指向哪个方向？

2. 你是否可以将10枚硬币放进同样的3个玻璃杯中，并使每个杯子里的硬币数都为奇数？

3. 粗心人忘了倒胶卷，往往造成全曝光了，你有什么好建议？

4. 玻璃瓶里装橘子水，瓶口塞着软木塞，不准打碎瓶子，也不准弄碎软木塞，请问怎么倒出橘子水？

5. 某人的衬衣纽扣掉进了已经倒入咖啡的杯子里，他赶紧从杯子里拾起纽扣，但手不湿，连纽扣也是干的，这是怎么回事？

6. 某人昨天碰到一场雨，他正好未戴帽子，也未撑伞，头上什么也没遮盖，结果衣服全部淋湿，但头发却没有一根湿的，这是怎么回事？

7. 某列车驶进一隧道。奇怪的是，该火车既没有发生事故，也没有出现其他故障，却从某一点开始不能再开进去了。为什么？

8. 一天晚上，老王正在读一本很有趣的书，他的孩子突然把电灯关了，尽管屋里一团漆黑，可老王仍在继续读书，这是怎么回事？

9. 有一棵树，树下面有一头牛被一根2米长的绳子牢牢地拴住鼻子，牛的主人把饲料放在离树恰好5米之外就走开了。牛很快就将饲料吃了个精光. 牛是怎么吃到饲料的？

10. 汽车司机的哥哥叫李强，可是李强并没有弟弟，这是怎么回事？

答案：

1. 马尾一直向下。

2. 我们只要把其中一只杯子放入另一只装着奇数枚硬币的杯子中，就可以使每只杯子中都是奇数枚硬币了。

3. 使用数码相机。

4. 将软木塞拔出。

5. 咖啡还没有冲。

6. 该人是个光头。

7. 因为它从隧道的终点开始"开出去"了。

8. 老王是个盲人，正在读盲书。

9. 绳子只是拴在牛鼻子上，但并没有拴在树上，所以牛可以很自在地走过去，将饲料吃光。

10. 司机是个女的。

大家看，其实那些看似无法理解的问题，只要想通了，解决起来并不难。只是在我们被关在思维定势的笼子中时，很多事情我们不敢去尝试，进而认为它是不可能完成的任务，因为跳不出思维的笼子，所以我们永远也得不到生命中的"甜果"。其实很多看似不可能的事情，只要打开思路，你就可以获得成功。

成功者之所以能够成功，与其与众不同的思维方法存在着莫大关系。这类人很少随波逐流，往往灵机一动就会有一个新点子。生活中，我们也需要这种在别人不注意的地方发现机会的"灵机一动"，这样才能取得令人刮目相看的成就。

鸡肋食之无味，弃之可惜，但如果你有一种与众不同的思路做指南，就可以用"鸡肋"做出"大餐"来。

❖ 让思维无限散发

可能很多人都看过这样一则笑话：美国宇航局曾经为圆珠笔在太空不能顺畅使用而大感苦恼，并出巨资请专家研制新型产品。两年过去了，该科研项目进展缓慢。于是，宇航局向社会悬赏，征求此种"便利笔"。不料，很快来了一个小伙子，他向惊讶的官员们出示自己的"研究成果"——是一支铅笔。其实这个笑话告诉了我们一个道理：如果换个思路、换个角度看问题，灵感可能就会迅速迸发，我们可能就会从失败迈向成功。

有一家生产牙膏的公司，产品优良，包装精美，深受广大消费者的喜爱，每年营业额节节攀升。

记录显示，前十年每年的营业额增长率为 15% ~ 20%，不过，随后的几年里，业绩却停滞下来，每个月维持同样的数字。

公司总裁便召开全国经理级高层会议，以商讨对策。

会议中，有名年轻经理站起来，对总裁说："我手中有张纸，纸里有个建议，若您要采用我的建议，必须另付我 10 万元！"

总裁听了很生气地说："我每个月都支付你薪水，另有分红、奖励。现在叫你来开会讨论，你还要另外要求 10 万元。是不是过分了？"

"总裁先生，请别误会。若我的建议行不通，您可以将它丢弃，一分钱也不必付。"年轻的经理解释说。

"好！"总裁接过那张纸后，看完，马上签了一张 10 万元支票给那年轻经理。

那张纸上只写了一句话：将现有的牙膏管口的直径扩大 1 毫米。

总裁马上下令更换新的包装。

试想，每天早上每个消费者挤出比原来粗 1 毫米的牙膏，每天牙膏的消费量将多出多少呢？

这个决定，使该公司随后一年的营业额增加了 25％。

当总裁要求增加产品销量时，绝大多数高级主管一定是在考虑：怎样才能扩大市场份额？怎样才能把产品推广到更多地区？一些人可能连怎样在广告方面做文章都想到了，但这些老生常谈未必起得了作用。只有那位年轻经理换了个思路——增加老顾客的消费量，不是同样能达到增加销售的目的吗？而且这个方法更简单、更有效。灵活的思考对一个人的成功是非常重要的，能够从另一个角度看问题，见人所不见，善于突破常规，这就是创造。

19 世纪 50 年代，美国西部刮起了一股淘金热。李维·施特劳斯随着淘金者来到旧金山，开办了一家专门针对淘金工人销售日用百货的小商店。一天，他看见很多淘金者用帆布搭帐篷和马车篷，就乘船购置了一大批帆布运回淘金工地出售。不想过去了很长时间，帆布却很少有人问津。李维·施特劳斯十分苦恼，但他并不甘心就这样轻易失败，便一边继续销帆布，一边积极思考对策。有一天，一位淘金工人告诉他，他们现在已不再需要帆布搭帐篷，却需要大量的裤子，因为矿工们穿的都是棉布裤子，很不耐磨。李维·施特劳特顿觉眼前一亮：帆布做帐篷卖销路不好，做成既结实又耐磨的裤子卖，说不定会大受欢迎！他领着那个淘金工人来到裁缝店，用帆布为他做了一条样式很别致的工装裤。这位工人穿上帆布工装裤十分高兴，逢人就讲这条"李维氏裤子"。消息传开后，人们纷纷前来询问，李维·施特劳斯当机立断，把剩余的帆布全部做成工装裤，结果很快就被抢购一空。由此，牛仔裤诞生了，并很快风靡全世界，给李维·施特劳斯带来了巨大的财富。

发散式的思维使人赢得更多成功机会。一个聪明的人，不会总在一个层次做固定思考，他们知道很多事情都是多面体。如果你在一个方向碰了壁，那也不要紧，换个角度你就会得到灵感，就极有可能走向成功。

那么，我们要怎样培养自己的发散思维呢？

1. 充分发挥想象力

德国著名学者黑格尔曾经说过："创造性思维需要有丰富的想象。"事实上，在我们以往接受的、寻求"唯一正确答案"的教育影响下，我们很大程度上浪费了自己的想象力，我们的思维不禁有些单一。这就要求我们下意识地去激发自己的想象，在生活中借助各种事物启发自己，展开丰富合理的想象，对发散性思维进行再创造。

2. 淡化标准答案，尽可能运用多想思维

要敢于提出假设，对标准答案提出质疑。事实上，单向思维只能说是低水平的思考，多向思维才是高质量的思考。我们可以在思考时尽可能多地给自己提出一些"假设……"、"假如……"、"如果是这样……"之类的问题，强迫自己转换一个角度去思考。这样一来，我们或许就会发现别人所想不到的事情。

3. 打破常规、弱化思维定式

法国著名学者贝尔纳曾经说过："妨碍学习的最大障碍，并不是未知的东西，而是已知的东西。"我们来看看这样一道智力测验题——"用什么方法可以使冰最快地变成水？"那些陷入思维定式的人往往会回答"迅速加热"。但事实上，这个问题的答

案是——"只要去掉两点水就可以了"。显然，这是超出一般人想象的。

的确，思维定式确实能够在一定程度上帮助我们圆满地解决问题，但在需要创新时，它就会成为"思维的枷锁"，阻碍我们进行创新，也阻碍我们对于新知识的吸收。因此，我们要鼓励自己对已知事物提出质疑，不要尽信书，那样不如无书。

要知道，在这个世界上从来没有绝对的失败，有时候只要调整一下思路，转换一个视角，失败就会变成成功。很多人相信，如果失败了，就应该赶快换一个阵地再去奋斗，如果按照这种观点，李维·施特劳斯就应该把帆布锁进仓库里，或廉价甩售出去，但幸好李维·斯特劳斯没有这么做。他没有放弃帆布，并且积极寻找解决问题的办法，终于从淘金工人的话里获得了启示：将帆布做成帆布裤，因此获得了成功，失败与成功相隔得并不远，有时也许只有半步距离。所以如果遭遇到了失败，千万不要轻易认输，更不要急于走开，只要保持冷静，勇于打破思维的定式，积极寻找对策，成功一定很快就会到来。

❖ 打开想象那扇窗，你也能成为专家

爱因斯坦曾经说过："想象力比知识更为重要。"想象力对于我们灵感的激发有着至关重要的作用，闲暇时它可以愉悦精神，遇困时它甚至可以拯救生命于危难。某杂志上曾刊登过这样一个故事：一位政客、一位地质学家和一位诗人，三个人是好朋友，一同外出度假时被当地匪徒追杀，他们唯一的逃生之路是要穿越

一片人际罕至的荒漠。为了生存，他们一面提防追匪，一面强忍着干渴和饥饿奔向沙漠。求生的欲望使他们熬过了最初的两天，但当他们停下来休息，面对一望无际的沙漠时，他们有点绝望了，因为不知道还要走多久才能走出去。饥饿和疲劳他们还可以抵御，但没有水喝，使他们生还的希望越来越小，他们明显地感受到了死亡的威胁。

政客郑重地向两位朋友承诺说："如果这时候有人给我们送上一箱矿泉水，我回去后一定让他升官发财。"

地质学家冷静地说："在这荒芜的沙漠，连一个活的动物都找不到，哪里会有人？我们还是现实点吧，寻找水源！"后来根据多年的实地考察经验，他果真在一块地面发现土壤相对比较潮湿，三人立即折断枯枝做工具，朝湿地不停地刨下去，但直到三个人筋疲力尽，仍然找不到水源。

时间在慢慢地流逝，第三天早上，诗人醒来时天刚亮。面对着广袤的荒漠，他实在无计可施，便开始想象：要是我们置身于一大片绿地该有多好啊！沐浴在阳光下，畅饮甜美的山泉，溪流静淌，树叶上的露珠被阳光折射成一颗颗晶莹剔透的珍珠……树叶上的露珠?! 诗人突然想到了什么，向一棵树急忙奔去。果然，树叶上还残留着一些露珠。他立刻叫醒同伴，高喊："我们得救了！"他欢呼跳跃起来。

于是每日的后半夜，他们就想办法啜饮树叶上刚凝结还来不及蒸发掉的露珠。一个星期后，他们出现在荒漠的另一头，而且身体完好，亲人们在为他们活着回来高兴的同时，都对他们竟能徒步穿越这片荒漠的行动感到十分地惊讶和不可思议。诗人挺胸抬头自豪地对人们说："我的想象力救了我们的命！"其实，真正救了他们生命的是诗人的好心态。因为想象力每个人都有，但崇尚实际的人只看重事实，因此在心里不会给想象力留一席之地，也不会去刻意开发利用它；反而是充满了诗性与灵动的人，力争让想象力成为好心态的一部分。他们喜欢想象，在想象的空间里，他们可以预演自己的理想，品味快乐和满足，并且可能在生死攸关的时刻，使想象力成为救自己于绝境的生命之力。

所以不管现实生活如何，我们都不应丧失对美好事物的想象，它是我们在面临困境时与之斗争的动力。与想象力一样，可以助我们一臂之力的还有我们与生俱来的创造力。充分发挥创造力，不仅可以拥有财富，还会有许多意想不到的东西，一个平凡无奇的人很可能因为适当地发挥了创造力而成为某方面的专家。

很早以前看到过这样一个有关"专家"的故事。一个聪明的人决定开始一项冒险活动。他大胆地预测一场万众瞩目的球赛的结局（会有很多人赌球），他发出一万封信，对其中的 5000 人预测甲队胜利，而对另外的 5000 人预测甲队失败（邮费用不了多少钱，用E－mail 更便宜）。毫无疑问，无论如何，他总会说对一半。然后下一次，他又开始预测一场新的比赛，这一次他只给上次说对了的那 5000 人发信，不再理会其余 5000 人，预言当然还是胜负各占一半；接着再把这个游戏进行下去……经过了四五次后，他已经在 1000 多人或者数百人中建立了极高的威信，那些人会说："这家伙神了，说得这么准！"他会收到很大的反馈，许多人开始重视他的意见，随着名气的增加，会有新的崇拜者加入到队伍中来。

当他认为自己"专家"的威信建立起来以后，便开始收费，然后再继续向上次说对了的人群"预测"。由于"预测"的结果惊人地准确，他的铁杆崇拜者越来越多地付给他报酬。这个人成了一个名利双收的大"专家"。这个故事对众多真正的专家颇有不敬之嫌，只是姑妄言之，权作笑料而已。但是也不能排除一些无真才实学之人披上诱人的外衣，以迷惑众人来牟取私利。

话再说回来，就是真正的专家也难免有失误的时候，尤其是像对未来事件进行预测这种事。

再说，当一个人决心干一件事，经过较充分的准备，下了一定的工夫之后，尽管你原来只是个普通人，现在其实已具备了专家的实力和半个专家的水平，而你没有成见、大胆进取的品质可能正是专家们所欠缺的呢！每一项新发明、人类的重大突破不都是新专家突破老专家的阻力而做出来的吗？

我们可以尊重专家的意见，在他的基础上前进，但千万不要把他看作是不可逾越的高峰，而阻碍了自己的发展。

好心态的一部分是在任何的专家和权威面前都能坚守：只相信不迷信。更多的时候要相信自己，审时度势，下定决心后勇往直前，不断地强调自己的专长，没准你也能成为专家。

❖ 反向思维——一种"极端"的灵感显现

我们在考虑问题时，不但应该放宽去想，还应该反向去想。反向思维虽然有点"险"，但却常能出奇制胜。

反向思维是不随大流走最极端的形式，它不但不随大流，反而朝相反的方向走。这种反向思维虽然有点冒险，但却常因独辟蹊径，而获得起死回生、反败为胜的作用。

我们来看看这个故事：

从前，有位商人和他长大成人的儿子一起出海远行。他们随身带了满满一箱子珠宝，准备在旅途中卖掉，但是没有向任何人透露过这一秘密。一天，商人偶然听到了水手们的低声交谈。原来，他们已经发现了他的珠宝，并且正在策划着谋害他们父子俩，以掠夺这些珠宝。

商人听了之后吓得要命，他在自己的小舱内踱来踱去，试图想出个摆脱困境的办法。儿子问他出了什么事情，父亲于是把听到的全告诉了他。

"同他们拼了！"年轻人断然道。

"不，"父亲回答说，"他们会制服我们的！"

"那把珠宝交给他们？"

"也不行，他们还会杀人灭口的。"

过了一会儿，商人怒气冲冲地冲上了甲板。"你这个笨蛋！"他冲儿子叫喊道，"你从来不听我的忠告！"

"老头子！"儿子也同样大声地说，"你说不出一句值得我听进去的话！"

当父子俩开始互相谩骂的时候，水手们好奇地聚集到周围，看着商人冲向他的小舱，拖出了他的珠宝箱。"忘恩负义的家伙！"商人尖叫道，"我宁肯死于贫困也不会让你继承我的财富！"说完这些话，他打开了珠宝箱，水手们看到这么多的珠宝时都倒吸了口凉气。而商人又冲向了栏杆，在别人阻拦他之前将他的宝物全都投入了大海。

又过了一会儿，父与子都目不转睛地注视着那只空箱子，然后两人躺倒在一起，为他们所干的事而哭泣不止。后来，当他们单独一起待在小舱时，父亲说："我们只能这样做，孩子，再没有其他的办法可以救我们的命！"

"是的，"儿子答道，"您这个法子是最好的了。"

轮船驶进了码头后，商人同他的儿子匆匆忙忙地赶到了城市的地方法官那里。他们指控了水手们的海盗行为和犯了企图谋杀罪，法官派人逮捕了那些水手。法官问水手们是否看到老人把他的珠宝投入了大海，水手们都一致说看到过。法官于是判决他们都有罪。法官问道："什么人会弃掉他一生的积蓄而不顾呢，只有当他面临生命的危险时才会这样去做吧?"水手们听了，羞愧得表示愿意赔偿商人的珠宝，法官因此饶了他们的性命。

这个久经商场磨练的商人见识确实高人一筹，遇到会被人谋财害命的危险时，一般人的做法就是跟对方拼了，或者是献财保命，但这位商人却偏偏反其道而行之：不跟对方撕破脸，反而做出一无所知的样子，不把财宝献给水手，反而把它们抛入大海。身陷绝地的时候，如果按常规出牌往往会招致大败，但若反其道而行，则可能会获得一线生机。故事中的父子便用反向思维保住了生命，又使财产失而复得。

当然，逆向思维的运用方法远不止这一种，那么下面，我们就来了解和学习一下：

1. 还原分析

我们在考虑问题时，其实完全可以先放下当前的思绪，回到问题的原点，透过问题的本质寻找创新的方法。举个例子说明一下：人们在探矿时发现，金矿区和银矿区的忍冬藤会生长得特别茂盛，而铜矿区的野玫瑰则会呈现出蔚蓝色。于是，人们在探矿时，会先分析当地植物的参数，再分析下面矿藏，这种植物探矿法很大程度上减少了钻探的盲目性。

2. 逆用缺点

缺点并不都是坏事，我们在面对问题时，其实也可以利用事物的缺点进行创新。例如：在一次工商界聚会中，几位老板谈起自己的经营心得，其中一位说："我有三个不成材的员工，我准备找机会将他们炒掉。这三个人，一个整天嫌这嫌那，专门吹毛求疵；一个杞人忧天，老是害怕工厂出事；还有一个经常不上班，整天在外面闲逛鬼混。"另一个老板听后想了想说："既然这样，你就把这三个人让给我吧！"

这三个人第二天到新公司报到，新的老板开始分配工作：喜欢吹毛求疵的人员负责产品质量管理；害怕出事的人让他负责安全保卫工作；喜欢闲逛的人让他负责产品宣传，天天东奔西跑联系各家媒体。三个人一看工作的安排非常符合自己的个性，不禁大为欣喜，兴冲冲地走马上任。过了一段时间，因为他们的卖力工作，新公司的经营业绩直线上升，生意蒸蒸日上。

3. 逆用原理

顾名思义，这就是要我们从事物原理的反方向进行思考，以求实现创新。例如，打高尔夫球虽然是一项高雅、健康的运动，但它对场地的要求很高，需要种植高质量的草坪，成本太大，普通的工薪阶层消费不起。那么，能不能在水泥地板上打高尔夫呢？于是有人想到：既然高尔夫球对"草坪"要求很高，那么，何不将"草坪"移植到高尔夫球上？如此一来，不就可以在水泥地板上打了吗？于是，人们发明了"带毛"的高尔夫球，它完全可以在水泥地板上打，因而大大降低了成本，使更多的人参与到了这一娱乐活动中。

4. 逆用功能

这就是要我们从事物现有功能的反方向进行思考，从中寻找突破的契机。例如，3M 公司的一个职员在无意之中偶然发现，将废弃的纸张进行一定的处理就可以成为粘贴纸，他的这一发现为公司创造了巨额利润，当然，他也得到了应有的回报。

5. 逆用结构

这就是要我们从事物结构方式出发，进行逆向思考，譬如将结构位置颠倒、置换，等等。在第四届中国青少年发明创造大赛中，荣获一等奖的"双尖绣花针"运用的就是这一思维方式。武汉义烈小学学生王帆将针孔位置设计到针的中间，而把两端都加工成针尖，这样一来，绣花的速度竟提高将近一倍。

6. 逆用观念

人的观念不同，其所做出的行为就会不同，收获也会有所不同，而观念相同，行为相似，收获也就不相上下。不要以为这是在玩文字游戏，事实上我们是想提醒大家：要想自己的收获超于常人，那么就必须培养自己独特的观念。譬如说，当别人都觉得你这一次的工作失败时，你要告诉自己——这不过是一次学习，为的就是历练。

逆向思维的运用是一种独特做事方法的体现，它既是一种创新，又是一种对常规的破坏。当然，这种"破坏"不表现在对人情和风气习惯上，而是表现在能落实到具体事物上的常规思维上。新的思路往往能在常规思维之外找到突破口，当然这也需要人的清醒判断和某种可遇不可求的机遇。

人在囧途之破囧

生活中，总会出现一些令我们意想不到的事情。因为人类的交际活动是双方一种积极的参与，而非刻板、机械的迎合，所以交际情景也会不断地发生变化。面对变化着的情景，尤其是不期而至的窘境，需要我们调动一切可以调动的思维，快速作出反应，以达到顺畅交际的目的。

❖ 几种尴尬中的小应变

可以肯定的是，在我们交际的过程中，一定会遇到各种各样的人。可能会因文化层次不同，有人目不识丁，有人博学多才……这些不同层次的人，表达同样的意思，说出的话却大不相同。同样，他们对同样一句话的理解也不大相同。我们常常听到"三句话不离本行"这样的话，如果能针对各种人的知识水平和知识结构而采取相应的应变方式，自然会取得良好的效果。古往今来，以思维灵活、口齿伶俐而化险为夷的例子真不少。针锋相对需要敏锐的思维、敏捷的口才，如果处理得当，可以抓住机会，"以其人之道，还治其人之身"。不但维护了自己的人格尊严，还能使对方狼狈不堪而再也不能轻辱于你。

下面，我们就为大家介绍几种破解尴尬的灵活应变。

首先是自嘲式的应变。在交际中，有时我们会碰上因自身缺点或其他原因而出现的尴尬事，要是你懂得"自嘲"，巧妙地"揭自己的短"，反而会使自己败中求胜，树立良好的交际形象。

已故美国五星上将麦克阿瑟一贯以傲慢著称。有一次，杜鲁门会见他时，他不慌不忙地取出烟斗，装好烟丝，取出火柴准备点燃的时候，才问杜鲁门："我抽烟你不介意吧？"

麦克阿瑟显然并不是真心征求杜鲁门的意见，这使杜鲁门十分难堪。因为如果现在表示很介意的话会显得有点霸道。

此时，杜鲁门看了看麦克阿瑟，说："抽吧！将军，别人喷到我脸上的烟雾，要比喷在任何美国人脸上的烟雾都多。"

杜鲁门的这番自嘲，不但自尊心得到保护，而且还向对方显示了他的大度与宽容。还有，他把自己摆在"受害者"的地位上，可博得美国大众的同情与支持。

我们再来看看借物说事式的应变。这是指在交际中，利用身边的实物来说明某种道理或者摆脱困境，或以某件能与话题搭上关系的物品来进行对比，达到一种形象化的效果。譬如下面这个民间传说那样。

据说，有一次，蒲松龄到王大官人家去做客，被众人推到了上座，但独眼的管家却从下席开始斟酒，有意把他冷落在一旁不管。王大官人也想故意捉弄他，端起酒杯朝他说："蒲先生，喝呀！"

蒲松龄端坐不动，他笑着说："大家先别急着喝酒，我说个笑话给大家助助兴。我刚出门时，碰到内人正用针在缝衣服，就以针为题即兴作诗一首，现在念给大家听听：'一头尖尖一头扁，扁间只有一只眼。独眼只把衣裳认，听凭主人来使唤。'"

大家听了，一齐朝独眼管家看去，强忍笑意，大声叫好。这样一来，反而使王大官人及其管家狼狈不堪。

蒲松龄借用了针的形象，尖锐地讽刺了想为难自己的王大官人及其管家，不但保全了自己的尊严，也让捉弄自己的交际对象"搬起石头砸了自己的脚"。在生活与工作中，我们也完全可以假身旁之物摆脱困境，使左右为难的自己找到台阶下。

作为女性，经常受到男士的邀请，如果想拒绝又不伤对方的自尊，办法有许多种，借物脱困无疑是其中的妙招之一。

例如，有位男士走到你面前，说了一句："欢迎你参加！"然后就把一张入场券递给你。这时你想拒绝他，又要让他下得了台阶。你可从皮包里拿出笔记本，打开一看，不论看到什么，都可说："哎呀！我和小王、小张约好今天去购物，你只有和别人同去了，不过还是很谢谢你。"

使用笔记本，给人以上面记着你的时间安排的错觉，婉言拒绝了对方，达到了自己的交际目的。

还有一种拆词换字式的解困方法，我们也来了解一下。

当然，我们都希望自己参与的社会活动能够和谐顺利，人与人之间能够越发投缘。但有些时候，一些人有意无意中或许就会使我们陷入尴尬，这种情况确实有之。这个时候，就需要我们快速转动大脑，灵活应对，根据实际情况，顺势而变，在机变之中脱离困境。

❖ 巧解办公室尴尬

办公室就是一个复杂的"小社会",出现一些意想不到的情况实属正常。我们就是再聪明,面对七零八碎的"职场事故",也很难一一做出恰当反应,所以掌握一些办公室的应变技巧,是十分必要的。

办公室里人多嘴杂,有时我们难免会说错话,造成一瞬间的尴尬。遇到这种情况,不要过分自责,不要耿耿于怀,也不要置之不理。我们可以岔开话题,转移大家的注意力,也可以幽之一默,调节气氛。总之,只要我们的头脑灵活,就很容易挽回局面。

以下是我们为大家列举的办公室中常见的几个尴尬瞬间,大家不妨一同去看看,看看那些反应快的人是如何应对的。

1. 开玩笑却遭到怒骂时

开玩笑也是人际关系的交流方式,但必须得到对方的共鸣才能成立。自己觉得有趣对方却不以为然,这样的玩笑,充其量不过是自己在耍猴罢了!不顾及对方的心情而一味地自我欣赏,将很容易激怒对方。

如果我们能够看清上司喝茶时那副不高兴的神情,就不至于去和他开玩笑了。

当上司向部属板起脸时,大都是因为其部属的表现令他不满。这时受到斥责的部属不但要顺着他的意思,而且还要尽快找出导致上司不高兴的原因,如此才能化不快为愉快。

所以,遭到上司出乎意外的斥责时,我们应马上道歉:"对不起，我竟然开了这种无聊的玩笑！"同时，要迅速思考今天到底发生了什么事，会让上司这么不高兴。

早上，有什么事呢？早上科长不是只去开会吗？——对了，一定是开会时受到了批评吧！问题大概出在科里的企划方案上吧！

"我们科里提的企划方案，怎么样了？"一确定问题，就大胆地提出。

"那个企划不行！早上开会时……"

憋了一早上的闷气，上司终于可以借着这个问答发泄出来，等事情讲完时，刚才所造成的尴尬气氛也会云消雾散了。

2. 说曹操，曹操就到时

午休时间就快要到了，科长又出去参加业界的聚会。大概就是这个缘故吧，办公室内一派闲散的样子，几位同事也在一起东家长西家短地闲谈，不知不觉间就开始说到科长身上了。

张光源做事认真，个性又开朗，在办公室里人缘很好，只是有点冒冒失失，喜欢一高兴就恶作剧一番。

不例外地，当他听到大家都在说科长的坏话时，便趁机起哄：

"我也这样认为，科长实在是一位老古董，动不动就要拿伦理道德、礼仪规范来说事，他根本就不知道现在是流行新潮的时代……"

大家怎么突然都变得正经八百、规规矩矩的？

当张光源发觉情形不对时，已然大事不妙，原来科长已站在了自己的身后。

"怎么，我又哪里不好了吗？"

科长当场就冲着张光源丢下这么一句火药味极重的话，糟了，张光源这下子万事休矣！

在会话礼节中，最忌讳的是背后说人坏话。人都有劣根性，明知说人坏话是最要避讳的事，可是却总忍不住要说上几句。

既然如此，明知偶尔免不了要对别人说长论短，那何不在说法上多注意点呢？至少要先弄清楚说话的场合和坏话的程度。

如果是充满个人憎恶情绪的坏话，即便是听者都可能会有"说得太过分了吧"的感觉。

张光源的情形不算说得过分，但问题在于说话的地点不对。

尽管上司不在，但办公室终归是办公室。此外，同事常去的餐馆或咖啡厅一类场所，亦不是谈论同事长短的地方。

像张光源这种情况，强词夺理只会把气氛越弄越糟。最好的方法还是赶快低下头道歉！

通常一位通情达理的上司看到下属诚心认错时，应该都会既往不咎的，至少也不会让属下难堪或下不了台。

科长听到张光源的道歉后，反而装糊涂似的说："这又是怎么一回事呢？"

既然科长佯装不知，张光源这时就要心存感谢地在表面上唱和着说："还好刚才的话没有被科长听到，真是谢天谢地！"

换句话说，就是彼此都装糊涂，这样才能化解尴尬的气氛。

可是事后，必须谨记科长放自己一马的恩惠，在日后的工作中好好表现，以作回报。

3. 名字被叫错时

名字类似的同事在同一个集体内，经常会有张冠李戴的笑话发生。

陈诚先生就是这样。因为在同一公司内凑巧就有一位老同事叫作"陈腾"，因此，他就经常被误叫名字。

今天一位新分配来的女职员一时疏忽，又叫他"陈腾先生"，他感到非常懊恼，因此就默不吭声，不理睬对方。

这样做对吗？一个经常跟自己碰面的人，却搞不清自己姓氏名字，这的确是令人很不愉快的事情。可是，这也没到不可忍受的地步吧！既然对方记不清楚，自己干脆再报一次姓名就好了，譬如：

"我是陈诚呀！这个名字也实在是太平淡了，不好记。"

此外，汉字中有很多同音异字，有时一个名字叫作"健"的人，难免会有被错写成"建"，这时候我们不妨幽之一默："对不起，我的名字是健康的'健'呀！此'健'非彼'建'哦！"

名字被弄错时，这种近乎诙谐的指正方法，反而会令大家皆大欢喜，关系更加融洽。

❖ 当别人为难你时

很多时候，面对别人的冒犯，我们若是针锋相对，反而更显尴尬。这种情形下，我们不妨避过话锋，以清晰的思路、简单巧妙的言语作出应对，则往往可以化尴尬于无形。

有时你面对一个突发事件或一个刁钻的问题，不知所措固然不行，试图一五一十地把问题解释清楚也不是一个好办法。这时最好面不改色心不跳，同时迅速作出反应，以简单而又能避其锋芒的语言予以化解。

打个比方：

在维也纳一次记者招待会上，《纽约时报》记者马克斯·弗兰克尔就出席美苏会谈的"程序性问题"采访基辛格。

"到时，你是打算点点滴滴地宣布呢，还是来个倾盆大雨，成批地发表声明呢？"

基辛格回答："我打算点点滴滴地发表成批声明。"全场顿时哄然大笑。

那位记者发问的方式是选择提问，如果基辛格照他那样选择其中一个来回答的话，都不算是妥当的。基辛格巧妙地使用模糊语言，机智地摆脱了尴尬的困境。

我们不可能梦想有一种完美、和谐、符合逻辑的人际关系的存在。现实中，每个人都会经常遇到一些无法料到的困境，譬如说失言、恶意谣言、被冒犯，等等。

当你拿起一件精美的装饰品，问主人关于它的来历时，主人回答说："这是我曾祖母的遗物。"这时，你却不小心把它掉落在地上打得粉碎；当你应邀参加一个家庭宴会穿得西装革履，有头有脸，而其他人却是简单的便服时；当你在人前发表高论，人们却在小声散布谣言时……

这些事情显然令你面子上非常难堪，你不能够视若无睹，而应该及时补救，以摆脱尴尬的困境。

在第一种情况下，你应向主人道歉，相信他会谅解你的失手。然后，你第二天就到商店寻购礼物，直到找到合意的为止，把它送给他，并附上一封短笺说明你知道这不能弥补被你损坏之物，但你希望他能喜欢它。

对第二种情况，为了更好地融洽当时的环境气氛，你可以脱去外套，并表示你必须参加另外一个约会，又必须及时到达，这样可以免去更衣的时间。

至于第三种情况，明智的做法就是不加理睬，继续你的发言。就算是下来之后，也不要辩解，因为你越是在公开场合为自己辩解，人们就会越相信那些谣言，真是越抹越黑。有许多很有才气的人，都是被恶意的指控所陷害，又拼命去解释，结果是跳进黄河也洗不清。因为只要你一开始顶嘴，马上会丧失别人对你的同情和支持。

我们来看看下面这个故事：

有一次，英国著名戏剧家萧伯纳寄给丘吉尔两张戏票，并附了一张纸条："来看我的戏吧，带上一个朋友，如果您有一个朋友的话。"

丘吉尔回复："我很忙，不能去看首场演出，请给我第二场的票，如果你的戏会演第二场的话。"

丘吉尔好像总是受到来自各方的恶言攻击。一次会议上，一个女议员愤恨地对他说："如果我是你的妻子，就在你的咖啡里放上毒药。"

丘吉尔马上说："如果我是你的丈夫，我就马上把它喝下去。"

这就是快速思维下的应变。面对那些无礼的攻击，我们有必要掌握这样的应变技巧：

1. 探求出口伤人背后的原因。出言不逊的人，内心往往有许多痛苦要发泄。如果你猜不出他有什么真正的烦恼，不妨问问。记住，对方说的尖酸话不一定都是冲着你来的，因此，不妨退一步，想想他这样做是否有其他原因。

2. 分析说话本身是否真的含有恶意，抑或是自己神经过敏。

3. 勇敢面对口出恶言者，不要回避。

4. 一笑了之，开点儿玩笑对付侮辱你的话。

5. 通过某一举动来警告对方，令他自动停止恶言。

6. 不予理会，人家说什么，你不要马上动怒，可以顺着他的意思说下去，令他的话落空。

7. 假装懒得理会。人最怕别人认为他无聊讨厌，你可以假装不感兴趣，眨眨眼、打个呵欠，然后用一副"懒得理会"的表情望向别处。

8. 你不可能完全避免受到尖酸话的攻击，试试把一些伤人的话作为人们失意时的正常发泄，而失意是人人都会有的。我们大多数人都会尽量不去侮辱人，不过偶尔也会犯错。

另外，失言，是容易被人谅解的，因为有很多是出于无意的。正所谓"马有失蹄，人有失言"。在日常交谈中，难免说滑了嘴，出现了纰漏而使自己陷入窘境。

某人曾有过这样的经历：他在一次会议上和一位要人谈话，为了使谈话活泼轻松，于是很随意地说道："看那一位穿圆点花衣服的女人，看到她我就反胃！"

没想到对方这样说："那是我的太太。"

可想而知，当时这人听到这话时的处境是多么无地自容。这也难怪，这样的窘境总是特别地难以补救，但并不是所有的困境都是这样。

果戈理有一句话："理智是最高的才能，但是如果不克制感情，它就不可能获胜。"如果说我们在遇到尴尬的局面时都是心慌意乱，不能控制自己的感情的话，在这种特殊的场合下自然会穷于应付。这时，我们不妨来个将计就计。

清代著名学者纪晓岚思绪快捷灵巧，机智过人。有一次，乾隆想开个玩笑为难纪晓岚，便问他："纪卿，忠孝怎么解释？"

纪晓岚答："君要臣死，臣不得不死，为忠。"

乾隆立即说："我以君的身份命你现在去死！"

"这……"纪晓岚没料到他竟然会这么说，"臣领旨！"

"你打算怎样死？"

"跳河。"

"好，去吧！"

但纪晓岚走了一会儿，又跑回来了。

乾隆问："纪卿，你怎么没死？"

纪晓岚答："臣碰到了屈原，他不让臣死。"

"此话怎讲？"

"我到河边，正要往下跳时，屈大夫从水里出来，拍着我的肩膀说：'晓岚，你这就不对了，想当年楚王是昏君，我不得不死。你应该先问问当今皇上是不是昏君，如果皇上说是，你再死不迟啊！'"

就凭这一番话，他不仅抑制了皇帝的"圣旨"，也化解了困境。

罗斯福在当选美国总统前，曾在海军任要职，一次他的朋友问他关于某军事基地的计划，这是个很让人为难的问题。

当时罗斯福环顾一下四周，低声问："你能保密吗？"

朋友赶紧说："当然能。"

罗斯福松了一口气："那么，我也能。"

一场尴尬就在轻松幽默中化解。

或许人人都有好奇心，他们有时会问一些根本就不适合问的问题，也许他们是无意的，但你却可以不答。比如说，一些很私人化的问题，一些涉及某方面的机密问题等。

但不管是有意的还是无意的，假如你较重地伤害了别人，应立即诚恳地向别人道歉，并做自我批评，希望得到宽容，然后闭口不语，不要在其余时间再去谈论这件事。而我们对于别人的冒犯，也应表示不在意，并迅速和尽可能地使他感到自然。

❖ 认错也是一种急智

早在千年前，孔老夫子就说过"知错能改，善莫大焉"，或许是受这句话影响，人们很少会对"主动认错"的人不依不饶。所以，有些时候，为了化解尴尬局面，我们不妨主动低下头，先向别人认个错。

俗话说，一句话把人说笑，一句话把人说跳。在家里、在单位、在外面办事，受到别人指责的情况谁没碰到过？也许他的指责有道理，也许他的指责根本就是小题大做甚至无中生有。这时，有的人本能的反应是立即还嘴反击，结果常常是由小吵演变成大闹，最后落个两不相让又两相伤害。其实细细想来，指责别人有时只是一种个人情绪的发泄，如果被指责者不去计较，而主动低头，你说我一个错我认两个错，反倒让他不好意思。人同此心，心同此理，当指责落在我们自己头上时，那就试试这一招吧。

李怀军是一位广告设计人员，他曾用礼貌道歉的话语得到了一个极易动怒的雇主的信任，李怀军在讲他这段故事时说：

做广告图时，最要紧的是简明正确，有时不免发生些小错。我就知道有一位广告社主任，专喜欢在小地方挑毛病，我时常是不愉快地从他的办公室走出来，不是因为他的批评，而是他攻击的地方不当。最近我于百忙中替他赶完一幅画，他来电话叫我去见他，到那儿果不出所料，他显得非常愤怒，已经准备好了要批评我一顿。我却想到了用自己责备自己的方法争取主动："先生，你所说的话不假，一定是我错了，而且是不可原谅的。我替你画画多年，应该知道如何才对，我觉得很惭愧。"

他立刻为我分辩说："是的，你说得对，不过这并非大错，仅只——"我马上插嘴说："不论错的大小，都有很大的关系，会让别人看了不高兴。"

他打算插嘴说话，但我却不容他。我有生以来第一次批评自己，我很愿意这样做。我继续说："我实在应该小心，你给我的工资很多，你理应得到满意的东西，所以我很想把这幅画重新画一张。"

"不！不！"他坚决地说，"我不打算再麻烦你。"他夸奖我所画的画，说只需稍加修改就可以了，而且这一点小错，亦不会使公司受损失，仅是一点小节，不必太过虑了。

我急于批评自己，使他的怒气全消。最后他邀我一起吃点心，在告别之前他给我开了一张支票，并委托我画另一幅新的广告。

李怀军说："我承认自己错了，以显示主任的正确，抬高了他的地位，他高兴之余也不会再苛责我了。"

试想，如果李怀军换一种做法，尽力为自己辩解，那会怎样？所以，只要无关大局的事情，以自责的话堵住对方的嘴，这样他会主动伸出双手把你低下的头扶起来。

避让忍耐是中国传统的生存哲学。低头是一种大智慧，为争一时之气不肯低头，惹出事来恐怕就不是简单地低一下头、说两句认错的话就能解决的了。

武则天时代有个丞相叫娄师德，他性格稳重，很有度量。他的弟弟当上了代州刺史，临行之时，娄师德对弟弟说："我担任宰相，你现在又管理一个州，受皇上的宠幸太多了。这正是别人妒嫉的，你打算怎样对待这些人的妒嫉以求自免灾祸呢？"娄师德的弟弟跪在地上，对哥哥说："从今以后，即使有人朝我脸上吐唾沫，我也自己擦去，决不叫你为我担忧。"娄师德忧虑地说："这正是我所担忧的。人家向你吐唾沫，是对你恼怒。如果你将唾沫擦去，那不是违反了吐唾沫人的意愿吗？别人会以为你在顶撞他，这只能使他更恼火。怎么办呢？要是人家唾你，你要笑眯眯地接受。唾在脸上的唾沫，不要擦掉，让它自己干。"

后人对娄师德教人"唾面自干"的这种忍耐，总是嗤之以鼻，认为十分迂腐可笑。事实上，娄师德式的忍，是在训练一个人的韧性，教人知道如何收敛自己，而非以忍耐为目的。娄师德在武则天时代出将入相，总管边疆事务三十年，他在兼河源军司马时，和吐蕃大战，八战八克，具备这样勇气过人的精神和气魄，岂是一个畏缩者能够有的气质？

气量如海，大度待人，对社会交际的顺利进行有着十分重要的作用。人与人之间经常发生矛盾，在矛盾面前，若能够有较大的气量，以宽容的态度去对待别人，即使对无理取闹者也能以低头说话轻巧避开其锋芒，这样，就会在时间的推移过程中，逐渐改变对方的态度，使矛盾得到缓和。

❖ 打圆场的急智

生活中，当你所熟悉的人发生争执并请你评判时，毫无疑问我们会感到非常尴尬——你说谁对也不好，说谁错也不是，稍有不慎便会"里外不是人"。这个时候，就需要你迅速调动思维，以合适的话语将场面圆下来。

生活中我们常会遇到一些争端，这些争端以常法去解决往往不

能轻易解决, 这时候换一种思路, 找到能消除障碍的法宝, 让他们想争也争不起来, 问题自然迎刃而解。举个例子:

刘复才为江夏县知事, 为人极为敏捷, 常常在两方争执不下之际, 他用一两句话就给双方打了圆场。都督张之洞和抚军谭继洵平时意见就不太一致。这天, 刘复才在黄鹤楼设宴, 二公及其他客人都在座。酒过三巡, 诸位都有不少醉意了。忽然, 一位客人不知怎么谈起了长江江面有多宽的问题。谭继洵说有五里三分宽, 他的话音未落, 张之洞就说道: "不对! 我记得确实, 是七里三分宽。"

两人顿时争执起来, 互不相让, 旁边坐着的诸位客人劝说也无济于事, 只好任由他俩争执。

刘复才坐在末座, 看见席间这番争执, 感到情况不好, 继续争下去, 搞得不欢而散可就糟了。他急中生智, 徐徐举起手来, 说道: "江面水涨, 则宽七里三分。水落, 则五里三分宽了。张公是就水涨时说的, 谭公则是就水落时说的。两位先生都没有错。"

张之洞和谭继洵听到这话, 顿时哈哈大笑起来, 席间顿时恢复了原有的轻松气氛。

旁座的诸客都为刘复才片语解纷的机敏而折服。

社会要和谐, 就需要 "和事佬"。有机会充当这样的角色, 是很有意义的事。有时候, 双方陷入僵局, 相持不下, 顾及脸面, 谁也不愿做个高姿态, 给对方一个台阶。这时 "和事佬" 就大有用武之地了。"和事佬" 最高超的功夫, 就是 "打圆场"。

所谓 "打圆场", 是指交际人双方争吵或处于尴尬境地时, 由和事佬出面站在第三者角度进行调解。打圆场近似于捧场, 同是圆滑乖巧之为, 但它没有捧场那般肉麻, 而且在了结现实矛盾、平息事端的功效上，都比捧场高上一筹。"打圆场"运用得好，可以融洽气氛，联络感情，消除误会，缓和矛盾，平息事端，还有利于应付尴尬，打破僵局，解决问题。

凡事都有诀窍，打圆场也有打圆场的学问。归纳起来，我们在社交活动中巧打圆场的学问主要有以下几点：

1. 说明真相，引导自省

当双方为某件小事争论不休、各执一辞、互不相让、纠缠不休时，无论对哪一方进行褒贬过分的表态，都犹如火上浇油，甚至会引火烧身，不利于争端的平息。因此，此时只能比较客观地将事情的真相说清楚，而不加任何评论，让双方消除误会，从事实中反省自己的缺点或错误，引导他们各自多做自我批评，使矛盾得到解决，达到团结的目的。

2. 岔开话题，转移注意力

如果属非原则性的争论，双方各执己见，而这场争论又没有必要再继续下去。不妨岔开话题，转移争论双方的注意力。

3. 归纳精华，公正评价

假如争论的问题有较大的异议而双方又都有偏颇，眼看观点越来越接近，但由于自尊心，双方又都不肯服输，不妨将双方见解的精华归纳出来，也将双方的糟粕整理出来，做出公正评论，阐述较为全面的双方都能接受的意见。这样，就把争论引导到理论的探讨、观点的统一上来了。

4. 调虎离山，暂熄战火

有的争论，发展下去就成了争吵，甚至导致大动干戈。如果双方火气正旺，大有剑拔弩张、一触即发之势，应冷静下来，当机立断，借口有什么急事（如有人找，或有急电），引当事人走开，暂时脱离争论，等消了火气，头脑冷静下来了，争端也就趋于平息了。

假如你想让两个过去抱有成见的人消除前嫌，假如你的亲人突然遇到过去关系很坏的人而你又在场，假如你作为随从人员参加的某个谈判暂处僵局……作为第三者，你应首先联络双方的感情，努力寻找双方心理上的共同点或共同感兴趣的问题。一幅名画、一张照片、一盘棋、一个故事、一则笑话、一句谚语、一段相同或相似的经历，乃至一杯酒、一支烟都可能成为双方感兴趣的话题，都可以成为融洽气氛、打破僵局的契机。

❖ 巧妙回避不宜直言的问题

生活中还有一类问题，也是我们怎么回答都不对的。面对这样的问题，聪明的人通常会想办法巧妙地避开。

有这样一则寓言故事：

百兽之王狮子想吃其他兽类，但得找借口。于是张开大口让百兽闻自己的口是香还是臭。首先轮到狗熊，它闻后如实地说："有股肉的腥臭味。"

狮子怒道："你不尊重我，留你何用。"将它吃掉了。

第二天，轮到猴子来闻。鉴于头天狗熊的教训，它乖巧地说："哟，好一股肉的清香味啊！"

狮子又怒曰："你溜须拍马，留你何用。"又将它吃掉了。

第三天，轮到兔子来闻。它知道，说臭要被吃掉，说香也要被吃掉，于是它凑到狮子嘴边，故意闻得十分认真，但却老不开口。

狮子急了，催它快说。

它便说道:"报告大王,我昨晚受了风寒,感冒鼻塞,闻了这么久,实在闻不出是臭还是香。等我好了,鼻子通了,再来闻吧。"狮子无奈,只好放了它。

兔子正是巧妙地回避了这个难于答复的问题,才得以保全了自己的性命。

汉高祖刘邦非常善于运用这种"回避"的技巧。

项羽自尊霸王后,想谋杀刘邦。范增出主意说:"等刘邦上朝,大王就问他:'寡人封你到南郑去,你愿不愿意去?'如果他说愿意,你就说他意图养精蓄锐,有谋反之心,可以绑出去杀掉;如果他说不愿意去,你以其违抗王命杀掉他。"

刘邦上殿后,项羽一拍案桌,高声问道:

"刘邦,寡人封你到南郑去,你愿不愿意去?"

刘邦答道:

"臣食君禄,命悬于君。臣如陛下坐骑,鞭之则行,收辔则止。臣唯命是从。"

项羽一听,无可奈何,只好说:

"刘邦,你要听我的,南郑你就不要去了。"

刘邦说:

"臣遵旨。"

刘邦的语言,避开了项羽问话的前提,故意说对项羽忠心耿耿,"唯命是从",从而使项羽找不到借口杀自己,为自己日后卷土重来保留了机会。

为了保全自己的某种利益,你可以设法避开这类难于应付的问题。有时候为了照顾自己的面子,你也要学会避开别人的提问。

有这样一个善于闪躲质问的人,他回避问题的本领简直令了解他的人想大喊一声"太妙了"。例如,如果有人问他:"你可曾读过《堂吉诃德》?"他会回答："最近不曾。"其实他根本没读过，然而谁会煞风景去破坏融洽的谈话气氛？

另有一次，有人问他可曾读过但丁《神曲》中的《地狱篇》，他回答："英文本没读过。"旁人不禁肃然起敬。他这句百分之百的真话会让人产生三种误解：他读过这诗篇，他精通 14 世纪的意大利文；他是文学纯粹主义者，不屑读翻译本。真高明。

另外，当你想指出别人某些缺点的时候，最好也不要直接地说出来，而要避开问题的关键，换一种方式来表达。

我国古时候，有一个县官很喜欢附庸风雅，尽管画技不佳，但兴致很大。他画的虎不像虎，反而像猫。并且，他还每画完一幅作品，都要在厅堂内展出示众，让众人评说。大家只能说好话，不能说不好听的话，否则，就要遭受惩罚，轻则挨打，重则流放他乡。

有一天，县官又完成了一幅"虎"画，悬挂在厅堂，又召集全体衙役来欣赏。

"各位瞧瞧，本官画的虎如何？"

众人低头不语。县官见无人附和，就点了一个人说：

"你来说说看。"

那个衙役战战兢兢地说：

"老爷，我有点怕。"

县官："怕，怕什么？别怕，有老爷我在，怕什么？"

衙役："老爷，你也怕。"

县官："什么？老爷我也怕。那是什么，快说。"

衙役："怕天子。老爷，你是天子之臣，当然怕天子呀！"

县官："对，老爷怕天子，可天子什么也不怕呀！"

衙役："不，天子怕天！"

县官："天子是老天爷的儿子，怕天，有道理。好！天老爷又怕什么?"

衙役:"怕云。云会遮天。"

县官:"云又怕什么?"

衙役:"怕风。"

县官:"风又怕什么?"

衙役:"风又怕墙。"

县官:"墙怕什么?"

衙役:"墙怕老鼠。老鼠会打洞。"

县官:"那么,老鼠又怕什么呢?"

衙役:"老鼠最怕它!"衙役指了指墙上的画。

新来的衙役没有直接说县太爷画的虎像猫,而是从容周旋,借题发挥,绕弯子似的达到了批评的目的。

巧妙回避不宜直言的问题,还有很多种不同的方式,你可以采用类比的方式,借助事实说话,也可以含糊其辞,在一些不必要、不可能或不便于把话说得太实太死的时候,利用"模糊"语言让你的表意更有"弹性"。

❖ 急中生智,幽之一默

我们在受气时往往头脑发热而失去冷静,反击方式往往也是硬邦邦的,出言不逊,结果使僵局更僵。幽默可以使我们在受气时以轻松诙谐的方式,含蓄地反驳对方,使用得当便会收获惊人的效果。

调皮式的幽默,往往能够化干戈为玉帛,使事态向良好的方向发展。这种反击方式，不是针锋相对，剑拔弩张，而是轻松谐趣，话语中透着善良、真诚和理解。言语心传，双方会意，在哈哈一笑中皆大欢喜。反击变成了逗笑，唇枪舌剑之争也就巧妙躲过。

我们来看看这个故事：

冬季的北京寒气袭人，各家商店门口都挂着厚重的棉帘子。由于进出者一里一外，相互看不见，如果两人同时掀棉帘子，相撞之事自然在所难免。一天，一位小伙子正掀棉帘子准备进去，恰好里面一位小姐也在掀棉帘子准备出来，同时迈出了脚。姑娘一脚踩在小伙子鞋上，冷不防打了个趔趄，不禁"哎哟"一声惊叫。小伙子忙伸手扶住并说了一声"对不起"，让开了道，让小姐先出来。小姐出门后，看了小伙子一眼，说："你是怎么走路的！"咄咄逼人的责问令小伙子一时语塞。在门口踩脚本来双方都有责任，自己已友好地道歉了姑娘还不放过，小伙子也有些急了。但他转念一想，人家是斯斯文文的小姐，踩了自己的脚已有些不好意思，何况又在众目睽睽中被他扶住，更是不好意思，这只是姑娘因自己的失态心中恼火，便不经意地把气撒到了他这位"肇事者"身上。如此一想，小伙子顿时怒气全消，笑着说道："对不起，我是用脚走路的，刚才吓着您了。"小姐一愣，随即扑哧一笑，说道："你这个人说话真逗，这不能怪你，主要是我没看见，脚也伸得快了一点，对不起踩了你。"

小伙子对姑娘的反击，完全是友好的。人用脚走路是正常的，怎么会吓着别人？小伙子以自己的幽默，巧妙地告诉小姐，是我的脚害了你，暗示自己对她的理解和尊重。姑娘由责问到道歉，一场口舌之争得以避免，全靠了小伙子善意的幽默。

先承后转，在自我打趣中暗藏机锋，令对方猝不及防，这种方法往往用于一些不适宜顶撞的场合或人。有时候，我们会置身于这样一种尴尬的境地：对方有意或无意地伤害了你，但对方是一位领导，你虽然受了气面子上还得过得去。或者，碍于你的身份、地位，不宜直截了当地予以驳斥，但心中的确又非常不满。这时，不妨先以漫不经心、自我解嘲的口吻说几句顺着对方思路的话。最后话锋一转，得出一个令对方大出意外的结论。既活跃了气氛，又缓解了尴尬气氛。这种方式，一波三折，很有攻击力量，让对方措手不及，又不失自己或对方的面子。对方最后只能干笑两声了之。

有一次，萧伯纳的著名剧作《武器与人》初次演出，大获成功。应观众的热烈要求，萧伯纳来到台前谢幕。此时，却从座位里冒出一声高喊："糟透了！"整个剧场立刻鸦雀无声，空气似乎凝固了一般。面对这种无礼的行为和紧张的局面，萧伯纳微笑着对那人鞠了一躬，彬彬有礼地说道："我的朋友，我同意你的意见。"他耸了耸肩，看了看刚才正热烈喝彩的其他观众接着说："但是，我们俩反对那么多观众又有什么用呢？"顿时，观众中爆发出了更为热烈的掌声和喝彩声。

在这种情况下，对对方无礼的行为予以必要的回击，既是维护自己尊严的需要，也是讽刺对方批判错误的正当行为。但怒气冲冲地回击和辩论都不可取，最理想的方法是幽默地回敬。萧伯纳的话语温文尔雅，表面看来似乎是对对方表示理解，细细体味一下，则是一种强有力的反击。

总之，幽默作为化解自己受气局面的积极反击方式，其根本特征就是具有准确的行为界限。它的有效性就在于能够根据周围环境，预测自己的行为后果，据此确定自己反击的方式和反击的分寸，使之有礼、有节。

第一时间 "化险为夷"

"时世艰险，命运坎坷，猛然扼住你的咽喉，人生总有遇到危难的时候。是热血男儿，也难免惊恐怯手。是真情女子，也难免心灵颤抖。后退，绝对无路可走，沉下心，傲对那恶魔魁首。"——就像歌词中所写的那样，我们生存在这个复杂的社会上，就必然会有遇到危难的时候，逃避当然不是办法。这显然又是对我们快速思维的一种考验，它要求我们迅速作出反应、找出对策，在第一时间让自己"化险为夷"。

❖ "险境"中的软急智

我们常看到这样的现象，心智不够成熟的人往往受不得一点委屈：当别人冒犯到自己的时候，他们就会以更无礼的方式予以反击；当别人粗鲁时，他们就会越发地粗鲁，他们总是"针尖对麦芒"，不肯后退半步。其实这种处世方式很不可取，因为它只会使矛盾激化。心思转得快的人就不会这样，他们更会"打太极"，懂得用"软方法"去化解矛盾，达到"四两拨千斤"的效果。

我们来看看下面这个例子。

一天上午，一位美国人突然气势汹汹地闯进上海某饭店的经理室："你就是经理吗？我刚才在大门口滑倒摔伤了腰。地板这么滑，连个防滑措施都没有，太危险了。马上领我到医务室去。"

见此情形，经理很客气地说："这实在抱歉得很，腰部不要紧吧？马上就领您去医务室，请您稍坐一下。"

美国人坐在椅子上，继续抱怨不停。饭店经理见对方已经平静下来，便温和地说："请您换上这双鞋，已和医务室联系好了，现在我就领您去。"

早在美国人闯进来时，经理已经看清他的腰部没有多大问题。所以当美国人离开经理室后，经理就把换下的鞋悄悄交给一位服务员说："这双鞋后跟已经磨薄了，在我们从医务室回来以前把它送到楼下修鞋处换上橡胶后跟。"

检查结果，果如所料，未发现任何异常，客人也完全冷静下来，随后一同回到经理室。经理说：

"没什么异常比什么都好，这就放心了。请喝杯茶吧！"

美国人也感到自己方才太冒失了：

"地板太滑，太危险，我只是想让你们注意一下，别无他意。"

经理说："很冒昧，我们擅自修理了您的鞋。据鞋匠说，是后跟磨薄才致打滑。"

这位美国人接过刚刚修好的鞋，看到正合适的橡胶鞋跟时，对此事大为惊讶，便高兴地说道："经理，实在谢谢你的厚意，对您给予的关怀照顾我是不会忘记的。"于是，愉快地握手后，美国人再次向经理道谢，方才走出经理室。经理送他出门时说："请您将这件滑倒的事忘掉吧，欢迎您再来。"美国人频频道谢，消失在人群中。从此，只要这个美国人到上海，必定住进这个饭店并到经理室致意。

这位美国人最后之所以能够满意而去，就在于这位经理能够在抱怨面前保持理智、顺着对方的意见，并用柔和的语言和切实的行动把这位美国人的怨气化解于无形之中，从而制止了事态的扩大。

还有这样一种情况，有时，有些人难免因一时糊涂做了一些不适当的事。遇到这种情况，我们就需要把握指责别人的分寸：既要指出对方的错误，又要保留对方的面子。这种情况下，如果分寸把握得不当，或者会使对方很难堪，破坏了交往的气氛和基础，并带来一系列严重的后果；或者让对方占"便宜"的愿望得逞，给自己造成不必要的损失。

有一个商场营业员，遇上一位中年男子要退一只电热壶。

那壶已经用得半旧半新了，他却粗声粗气地说："我用了一个多月就坏了，这是什么鸟货？你再给我换一只！"

营业员耐心解释，他却大吼大叫，并且满嘴脏话，说："我来了你就得给退，光卖不退算个鸟！"

这个顾客粗俗的语气、蛮不讲理的神态，使得周围的人都极为气愤，都盼着那名营业员给他点颜色瞧瞧，教育教育他，让他以后做事不要那么狂。

那名营业员虽然占理，但为了不使争吵继续下去，更何况无论什么理由与顾客争吵不休都是经商大忌，便温和地对那位中年男子说："先生，这个壶已经用了一段时间了，又没有质量问题，按我们这儿的规定是不能退的。可是你执意要退，要不这样吧，你把它卖给我吧。"

就在营业员掏钱的时候，那个粗暴的顾客觉得不好意思了，于是给自己找了一个台阶说："我明天再过来。"一会儿便默不作声地离开了。

现实生活中，人们普遍存在着吃软不吃硬的心态。特别是性格刚烈、很有主见的人，你强硬，对方不但不会理睬，或许还会比你更强硬；你如果来"软"的，对方反倒会产生同情心，纵使自己为难，也会顺从你的要求。

像以上两个例子中的"四两拨千斤"都属于"软急智"的一种。有很多时候，你要想使对方接受你甚至是顺从你，要使自己从"险境"中突围而出，用"软方法"要比"硬方法"的效果好得多。当然，这里所说的"软"，并不是指低三下四地哀求，也不是毫无原则地逆来顺受，而是一种"智斗"，是一种心理交锋。通过"不争而争"的方式，启发、开导、暗示对方并使对方按你的意思行事。

❖ 以彼之道，还施彼身

《天龙八部》中，南慕容的成名绝学便是"以彼之道，还施彼身"，是将对方的武功借为己用，还击到对方身上，可谓是出神入化。摆脱"险境"的"以彼之道，还施彼身"，则是指抓住对方言谈举止中的破绽，以此为突破口，采用与其类似的言语、行动，进行说服教育。这样做的目的，是为了激起对方思想上的波澜，让对方在思考中明白事理，使说服对象通过自己的体会和联想，领悟出说者的用意，达到教育、说服的效果。

举例说明一下：

某排长指示战士将部队的石料拉出去送人情，战士不从。排长当即说道："这是命令，军人以服从命令为天职，这要是在战场……"

战士马上打断排长的话："排长，你的话不错，不过我能问您个问题吗？"

"你问吧。"排长表示同意。

"若是在战场上，有人命令我们向敌人投降，我们是不是应该照做呢？"

"废话！当然不行！"

"是的，执行命令首先要看命令错对与否。如果命令有误，我们不但可以不执行，还可以向上级反映，这是入伍时排长您教导我们的，我们一直牢记在心。"

排长听后苦笑一下，最终放弃了自己的做法。

这位小战士的脑筋就转得极快。在这种情况下，直言排长"假公济私"显然是不妥的，如此一来，你让他的面子又放在哪里？所以，小战士抓住排长语言上的漏洞，表明"错的命令可以不执行"，并暗示"可以向上级反映"，以此来拒绝排长的无理要求。排长又不糊涂，当然能够听出小战士的弦外之音。如此一来既保全了排长的颜面，又达到了预期目的，岂不是更好？其实，这种"以眼还眼"的方法，在现实生活中也是经常用到的，甚至在夫妻间也可以用到。

一对夫妇结婚已有 10 余年，每个月他们都要给双方的父母寄生活费。这件事一直由妻子操办。可是妻子却每个月给自己的父母寄 50 元，给丈夫的父母寄 20 元。丈夫一直愤怒在心，却也不想因此而得罪妻子。

以前，丈夫每天下班，总要先抱抱小儿子，亲抚半天。可这天回家后，小儿子虽然正在摇车里哭闹不止，可他却视而不见，一反常态地走到女儿身旁，将 5 岁的女儿抱了起来。

正在做饭的妻子扭头看到，急忙喊道："儿子都哭成那样了，你怎么还不赶紧去哄哄他？"

丈夫不紧不慢地说："这20元钱的，还是你来抱吧！我要抱50块钱的。"

聪明的丈夫风趣而又不失原则地请妻子进入了自己所预设的易位"圈套"，没有絮絮叨叨地发牢骚，却弦外有音地暗示了事情的实质和自己的不满情绪。

妻子一听红了脸，以后每月也给丈夫的父母寄去50元了。

人际交往中，我们之所以需要这种迂回诱导的急智，往往是因为问题比较复杂或是对方怀有抵触心理，不方便直接进行说服。

在生活中，"以彼之道，还施彼身"主要用于以下两种情形：

第一，对方提出的问题，你不能如实答复，也不便直接否定，这时，不妨借用对方的观点作出迂回的表达。

第二，如果对方的论证没有理性，使你难以接受其观点，这时不妨也非理性地提出对抗性的命题，当对方表示质疑的时候，你就可以以此反驳他原来的结论。例如：

有个吝啬的地主让长工去打酒，却不给长工酒钱。长工感到很纳闷，就问地主："老爷，没有钱我怎么能打到酒呢？"

地主说："花钱打酒谁不会呀？不用钱能打到酒才算有本事呢！"听了地主的话，长工一声不响地拿着空酒壶出了门。

不一会儿，长工拎着空酒壶回来了。

地主见了，火冒三丈。不等他发作，长工不慌不忙地说："老爷，酒瓶里有酒谁不会喝？要是能从空酒瓶里喝到酒，那才算有本事呢！"

地主听后，顿时像个泄了气的皮球一样，什么话也说不出来了。

在这个小故事中，长工便没有直接拒绝地主的"无理要求"，他在第一时间反应过来，应该以"无理"对"无理"，他最后巧妙地"制服"了地主。

在现实生活中，如果我们遭遇了类似的险境，也一定要据理力争，适当反驳，切不可一味地任其摆布。那么，具体应该如何去反击这种无理取闹的行为，让对方承认自己的错误呢？首先要控制自己的情绪。以"骤然临之而不惊，无故加之而不怒"的大丈夫的涵养与气量，在气势上镇住对方。然后要冷静考虑对策，从中选出最佳方案，以免做出莽撞之举。最后还要选准打击点，反击力要猛，一下子就使对方哑口无言。

❖ 含而不露，绵里藏针

在现代社交中，人们更多的是追求文明，反击不宜激烈，更不可满口粗话。既要做到让对方明白他看错了人，又要点到为止，能使对方保留面子，能恰到好处地防止自己受气，又能避免事态进一步扩大和恶化。这是需要一定急智的，要把事做到圆润处、把话说到绝妙处，于不动声色中显示自己的实力，以之压倒对方。

说白了，这就要我们在遭遇险境时，迅速调转思维，要做到绵里藏针，含而不露。在反击中，态度平和，言辞委婉得体，既予对方以尊重，不伤害对方的情感和体面，又巧妙地暗示自己也不是好惹的。一般情况下，对方会知趣地就此打住，顺着你留的台阶收场，彼此相安无事。

举个例子：

有位经理一日见一位公关小姐姿色出众，便一味令人肉麻地恭维道："小姐，你是我遇见过的最漂亮的女孩子。真是令人神魂颠倒，永远也忘不了！今晚下班后我请客，不知小姐可否赏光？"公关小姐虽然厌烦至极，但职业的本能使她必须有所克制。于是，她彬彬有礼地答道："这位先生，非常抱歉。下班后我必须去武校同一位永远也忘不了我的人约会。""你是说你的男朋友？在武校？"经理半信半疑地问。"是的。我们是武校时的同学。"这下可令这位经理目瞪口呆了，他怎么也想不到面前这位身材匀称的姑娘身怀武功，这就已够他应付的了，更何况还有一位武校的男朋友。公关小姐见状，意味深长地笑起来："他可是个醋坛子。这事我不敢含糊。"连她都不敢含糊，这位武功门外汉又哪能惹得起？这位心存非分之想的经理只得干笑着退开了。这位小姐没有横眉冷对，也没有出言不逊，而是于淡淡的话语中暗示了自己的实力，使原本轻视她的经理顿时望而生畏。

这种绵里藏针的反击方法，柔中见刚，以柔克刚。既巧妙地使自己摆脱了危险的境地，又无损于对方的体面，以自己良好的修养显示了内在的威慑力。但运用此种方法时必须态度鲜明，不要吞吞吐吐，黏黏糊糊，拐弯抹角，以致词不达意，给对方造成半推半就的误会。

根据不受气的准则，实力是一个人借以树立自己不好惹的形象，以防受气的关键。有时候，实力明明白白地摆在明处，别人自然不敢造次。但有些时候，实力在暗处，不为人注意，就易被施气，这时，我们不妨婉转地提醒对方，让他看到自己的实力。于是，我们自然可以轻松地脱离险地。

❖ 看准七寸，一击即中

常年在山中奔波的人都知道，倘若遇到蛇的攻击，千万不要惊慌，只要手持木棍，看准时机，在它的七寸之处打上一下，蛇立刻便会瘫软在地。这是因为，"七寸之处"正是蛇的心脏所在部位，一旦被伤，则必然毙命。在生活中，有经验的前辈常向后辈面授机宜："打蛇要打七寸"，意为：与人对敌时，一定要抓住对手最致命的弱点，牵住了他们的鼻子，就不怕他们不跟你走了。

大凡能成就大事的人，往往都是这方面的高手。这些人善于抓住对方的要害迅速"下狠招"，其反击的形式不拘一格，常能出人意表，独创出一条反击新路。

世界上就有这种事，本来作为生意场上的对手，他急切地盼望你的失败，盼望你失败后像仆人一样拜倒在他的脚下，给他一个毫不留情地拒绝你的机会，然后心安理得地拿走本该属于你的利润。但是有时对手也会成为你的帮手，只要你掌握绝地反击的诀窍。

在这一方面，著名企业家希尔顿就颇有几分艺术技巧：

当年，当失败的阴影笼罩在希尔顿正在建造的一座饭店上时，他却审时度势，急中生智，施展高明的强借术，硬是让对手掏钱帮他完成了工程。

希尔顿在建造达拉斯希尔顿饭店时，这个饭店的建筑费用要100万美元，而他当时并没有这么多钱，所以开工后不久，就没有钱买材料和支付工钱了。

希尔顿突然想到一个奇招，他决定去拜访地产商杜德，也就是那个卖地皮给他的人。

希尔顿找到他后，开门见山地说："杜德，我没有钱盖那房子了。"

"那就停工吧。"杜德毫不在意地说，"等有钱时再盖。"

"我的房子这样停工不建，受损失的可不是我一个人。"希尔顿故意顿了一下，才接道，"事实上，你的损失将比我还要大。"

"什么？"杜德眼睛瞪得像铃铛，不相信自己耳朵似的，"你这话是什么意思？"

"很简单。如果我的房子停工了，你附近那些地皮的价格一定会大受影响，如果我再宣扬一下，希尔顿饭店停工不盖，是想另选地址，你的地皮就更不值钱了。"

"怎么，你想要挟我？"

"没有人要挟你，我只是就事论事。"

"可是，你是没有钱才……"

"没有人会知道我没钱。"

"我会告诉他们的。"

"没有人会相信，我现在已拥有好几家饭店，规模虽都不算大，但名声却不坏。相信我的人一定比你多。同时我做的生意交际广，认识的人也比你多。"

这番话使杜德动容了，说话的气势小多了。"咱们无怨无仇，你何苦跟我过不去？"

"为了希尔顿饭店的名誉，我不得不出此下策。"希尔顿的态度也变得很委婉，"我总不能让大家知道我穷得连盖房子的钱都没有吧。"

"可是，绝不能为了你自己把我也给害了。"

希尔顿故意皱着眉头，沉思一会儿后说："我倒是有个两全其美的办法，不知道能不能行？"

"什么办法？"

"你出钱把饭店盖好，我再花钱买你的。"杜德张嘴欲言，希尔顿用手势止住他，接道：

"你别急，听我把话说完。你出钱盖房子，我当然不会亏待你，就等于是你盖房子卖。最主要的是，饭店的房子不停工，你附近那些地皮的价格就会上扬。我如果再想个办法宣传宣传，你的地皮不是价钱更高了吗？"

虽然这是希尔顿出的计策，但实情也确是如此，无奈之下，杜德只好答应了他的条件。

1925 年 8 月间，达拉斯希尔顿饭店开张了。这是一家新型大饭店，也是希尔顿饭店进入现代化的一个起点。

希尔顿让地产商按照他的设想把房子盖好，然后又让地产商以分期付款的方式卖给他。这种事听起来似乎根本不可能，但事实上，只要抓住了对手的"七寸"，即使让他们干一些暂时牺牲自己利益的事，他们也会照办的。

与人博弈时，取胜的关键就在于反应敏捷，用准确的言行抓住对方的要害进行攻击和反驳。而要做到准备充分，就必须在立足自己观点的基础上，用对方观点中的漏洞进行反驳，以论证自己的观点。这的确需要我们快速调转自己的思维。

❖ **抢得先机，巧妙化解**

在社会生活中，我们难免与人发生摩擦，偶尔遭遇无理的指责也在所难免。倘若针尖对麦芒，则两虎相争必有一伤，倘若对方实力强于你，则更是得不偿失。倘若能够在即将或是已经受到责难以后，快速反应，巧妙地将对方的嘴堵上，将矛盾化于无形，那就再好不过了。

毫无疑问，相信大家都有过被别人指责、教训的时候吧？或许是因为自己的确犯了错，也有可能是对方的误会，不论是什么原因，当面临别人指责的时候，有多少人能忍住一时之气，而用柔婉的方式来解决问题呢？如果对方身份地位比自己高，可能大多数人都会忍住气，或是诚心悔改。但如果对方的身份地位和自己相仿，甚至比自己低，那么面对指责的时候，可能大多数人都会忍不住要反击。但是如果能够巧妙地化解对方的指责，把问题处理得轻松愉快，既不让自己憋气，也不让对方窝火，这样不是更好吗？

我们来看看下面这件事。

美国教育心理学家卡耐基经常带着一只叫雷斯的小狗去公园散步，因为那座公园里人很少，而且雷斯很友善，从来不咬人，所以卡耐基很少给雷斯系狗链或是戴口罩。

有一天，他们在公园遇见一位骑马的警察，警察很严厉地说："你为什么让你的狗跑来跑去而不给它系上链子或戴上口罩？你难道不知道这是违法的吗？"

卡耐基低声辩解说："是的，我知道。不过，我认为它不至于在这儿乱咬人。"

"你不认为！你不认为！法律是不管你怎么认为的。它可能在这里咬死松鼠，或者咬伤小孩。狗要是发起狂来，那可谁也说不准。这次我不追究，但是下次再让我碰上，你就必须去向法官解释了。"警察说完就走了。

卡耐基尝试着给雷斯戴口罩，但是雷斯很不喜欢，他自己也确实不想让它那样。于是，在没人看见的时候，他们还是像以前一样。

一天下午，卡耐基和雷斯正在一座小山坡上赛跑，突然，他看见那位警察骑在一匹红棕色的马上，正往这边过来呢。卡耐基心想，这下可栽了！于是，他决定不等警察开口就先发制人，他说："先生，这次又让你当场逮住我了。我有罪。你上星期就警告过我，若是带小狗出来而不给它戴口罩，你就要罚我。"

"好说，好说，"警察回答的声音出乎意料地柔和，"我知道在没人的时候，谁都忍不住要带这样可爱的小狗出来蹓跶。"此时雷斯正天真地向他摇着尾巴示好呢。

"的确忍不住，"卡耐基说，"可是……这是违法的。"

"哦，你大概把事情看得太严重了。"警察说，"我们这样吧，你只要让它跑过这个小山坡，到我看不到的地方，这件事就算了。"

卡耐基大喜过望，连忙向警察道了谢，和雷斯一溜烟地跑到山坡后头去了。

如果卡耐基不是急中生智，采取这种"先行自责"的办法，而是向警察争辩或是默默承受，那他可就要为雷斯而去法官大人面前交罚款去了。

不过，人常常是这样的，当你要责备一个人的时候，若是那个人先把自己数落一通，向你承认错误，那你也就不好意思再指责那个人了。所以，在面临别人指责的时候，不妨采用一下卡耐基的"计巧"，让别人不好意思过分地指责你吧。这可是做人处世的一个很有效的小"计巧"啊。

我们再来看看下面这件事。

清朝时，有一个叫彭玉麟的官员。有一次他路过一条狭窄的小巷，一个女子正在楼上用竹竿晾晒衣服，一不小心把竹竿掉下来，正打在彭玉麟的头上。彭玉麟勃然大怒，指着那个女子就大骂起来。

女子认出他的身份，心中忐忑不安，但她猛然急中生智，正色道："你这个人，这样蛮横无礼，简直像是行伍里的人。你可知道彭宫保就在我们这个地方？他清廉正直，假如我去告诉他老人家，恐怕你会受到责罚呢。"

彭玉麟一听她夸赞自己"清廉正直"，不禁心中一喜，心想自己原来在民间有这么好的声誉啊。随即他意识到自己刚才的失态，醒悟到不应该因为这点小事而损害形象，便心平气和地离开了。

这又是一个做人处世的小"计巧"，先用"高帽"封住对方的嘴，让他不能不顾及形象，也就不好意思过分指责了。这样一来，既免去冲突，又化解了尴尬，实在是处世的一条良方。

❖ 随机应变，赢得岳母青睐

毫无疑问，对于男性朋友而言，岳母在我们的爱情、婚姻中扮演着重要的角色，她的影响力非常大，她的态度很可能会影响我们的婚姻、爱情的成败。基于此，我们不妨思考一下，倘若你有幸遇到了一位"难缠"的岳母，又该如何应对她呢？

在这方面，脑子灵光、大脑转动极快的王鹏为我们展现了精彩的一幕。

王鹏与妻子5年前相识，妻子从各方面看都具有"贤妻良母"的潜质，于是当时王鹏便下定决心：一定要抱得美人归！

然而，所谓好事多磨，偏偏王鹏就遇到了一位难缠的岳母。这位老人家可不是泛泛之辈，她的精细常令菜市场的小贩们瞠目结舌，恐怕就是以生性多疑著称的曹操在世，也要见其面而退避三舍。

面对岳母不冷不热的态度，王鹏犯了难。怎么办？坚持吧，面对这样一块巨大的"绊脚石"，自己还真有些发憷。放弃吧，如此佳人，委实不舍！

对！好男儿岂有逢难便退的道理！正常渠道走不了，咱就与她斗智！

当时，岳母大人为了放心地将掌上明珠托付给王鹏，对他进行了一系列生活能力测试。王鹏也不含糊，兵来将挡，水来土掩，应对得滴水不漏，他最常说的一句话就是："阿姨，放着我来。"

一次，岳母家的自行车车胎破裂，老人家正准备推到街上找人修理一下，王鹏抢前一步，说道："阿姨，放着我来，这点小事还值得花钱吗？"

岳母将信将疑地看着王鹏："你还会修车？"

王鹏拍拍胸脯："张飞吃豆芽——小菜一碟。"

然后，他麻利地将衣袖挽起，蹲下身——又忽地站起："阿姨，您稍等，我去街上买瓶脱水。"

其实，王鹏的本意不仅仅是买胶水，他此行的主要目的是"偷师"，像他这样一个从小在城里长大的小青年，哪能真的会补胎呢？

王鹏来到街角，细细地观察修车师傅的补胎步骤，并一一记在心中，然后买了瓶胶水，火速返回岳母家。接下来，松气门芯、扒外胎抽内胎、查破损点、锉皮子、粘合，虽然动作有些生疏，但也有几分模样，看得岳母不断点头——"真想不到你还有这本事。"这句话的潜台词岂不就是："没想到自立性这么强，女儿交给他我也就放心了。"

此后，王鹏反复地施用此法，逐渐成为了岳母家的保洁工、锅炉工、修车工……终于，在一个阳光明媚的上午，王鹏与女友携手走进了婚姻的殿堂。

虽然说"一个女婿半个儿"，但毕竟只是名义上的，女婿与岳母相处久了，难免会有几分摩擦。对此，王鹏奉行的准则是绝不亲自披挂上阵，而是借妻之手遏制岳母。

一天，岳母在一点小事上与王鹏产生了不同意见。岳母闹脾气，鼻子不是鼻子，脸不是脸，将锅碗瓢盆弄得叮当作响。王鹏权当没听见，找个机会偷偷跟老婆说："你看咱妈，一会儿把锅碗瓢盆都摔坏了，咱就又有了不必要的支出，你去劝劝吧。"

妻子没多想，走过去劝了两句。老太太正在气头上，一肚子的火便冲着王鹏妻子来了，于是母女间展开了唇枪舌战。

正当二人吵得不亦乐乎之时，王鹏出现了，一脸愧疚地说："妈，都怪我们不好，你都这么大岁数了，还惹您生气。快坐下歇歇，晚上我给您炒几个拿手的小菜。"转头又对妻子喝道，"你怎么这么不懂事，还不快扶妈坐下！"

于是，一场"战争"因他而起，又因他平息了。岳母事后不停地夸王鹏懂事，老婆也直赞王鹏拉架拉得及时。瞧，他倒成了好人了！

看，这就是一个心眼转得快的男人，他能把岳母哄得团团转。

当然，我们居家过日子，讲究的是以和为贵。一个男人、一个晚辈，能多尽一份力就多尽一份力。再者就是要秉持一项重要原则——双方父母同样对待。不过，倘若你"有幸"遇到了一位难缠的岳母，那么不妨学学王鹏，"曲线救国"。当然，动心思的时候我们一定要保持个度，更不能存有丝毫恶意。

❖ 刚柔相济，取舍有度

生活中，有些人会因为不得已而一头撞南墙或铤而走险，如果不能及时制止，往往就会给社会及个人带来预想不到的危害。所以针对这种状况下的人应晓之以理，动之以情，让他们尽快地放弃不正当的想法和行为。而劝其放弃错误行为的最佳方法便是软硬两手一起上。

其实在生活中，交际策略一般都是软的，比如"遇事好商量"、"遇事让三分"等，这都是社交中人们常用的沟通方式。但不是所有的时候软的手段都灵验，有的人就是欺软怕硬，敬酒不吃吃罚酒，好话听不进，恶话倒可让他清醒。这样，强硬的态度与手段就更为必要。

到江州渔船上抢鱼的李逵，全无道理，好话听不进，硬是碰到浪里白条张顺，把他诱进水里，以水上的硬功夫把一个铁汉子黑旋风淹得死去活来，他才不敢冒失了，也才真正领教了逞强的苦头。浪里白条张顺，也是软的办法用尽才来硬的。并且用计把李逵引到水上，让他英雄无用武之地，这样，张顺才可以发挥自己的硬功夫。

就客观情况而言，在人们的交际活动中，软与硬的两手是相辅相成、密不可分的。如果有所偏失，自己便要吃亏。也就是说，一个人如果太软，则易给人弱者的印象，觉得你好欺负，于是经常受到别人行为、言语、态度的戏弄与不恭。这种现象是普遍的，因为不可能指望人们修养都那么好，公正无欺地待人，而恰恰相反的

125

是，更多的人总多少有点欺软怕硬的毛病。因此交际中不可一味地示软。

当然，与人交际，也不可一味不转弯地强硬。一个人太强硬，必然使人觉得他头上长角、浑身长刺，别人对他的态度是："人狠不逢，酒酽不喝。"换句话说就是，你太狠我不惹你，惹你不起还躲不起！这是一般时候的态度。到节骨眼上，别人忍无可忍，墙倒众人推，如张顺和众多渔夫对付李逵，李逵的恶运就难逃了。那时的李逵在水里淹得死去活来，要不是宋江来得及时，再拖延几口气的工夫，只怕李逵就要被张顺丢到江中喂鱼了。

所以，为了生活平安、办事顺利，初入社会或过分软弱的、过分单纯的人，务必要了解软硬两手的效用，心理上有点软硬两手交替使用的谋略与机变。

我们来看看下面这件事。

展铁柱到新单位才一个多月，他却觉得特别累、特别烦，让他产生这种感觉的就是公司里40多岁的财务主管"胡哥"。胡哥是老总的小舅子，在公司里特有地位，也不知展铁柱哪儿得罪他了，反正他对展铁柱一直就看不顺眼，看到展铁柱就鼻子不是鼻子、脸不是脸的，还常在背后说展铁柱的坏话。对于这些事展铁柱都忍了下来，他觉得自己是个新员工，得罪不起人家，其实他也曾想过要改善自己同胡哥的关系，可每次自己的善意都打了水漂——人家根本就不理睬，展铁柱也就不想再讨没趣了。

这天，财务室通知展铁柱去领出差报销费用，展铁柱接过钱一看，只有640元，还少了400多块钱，就拿着钱去找胡哥。胡哥冷着脸说："发票上就这些，你还想要多少？"说完把展铁柱的出差发票摔了过来。展铁柱一查发现少了一张住宿发票，可胡哥却狡猾地说："你给我的就这些，谁知道你把发票弄到哪儿去了！"展铁柱明白了，这一定是胡哥搞的鬼，他忍住一口气，平静地说："发票交上去的时候，我是编了号的，我用铅笔在发票背面标好了，当时同事小王、小赵都在场，但现在发票却少了第四张。我要去找老总，如果老总也说责任在我，那我就认倒霉！"胡哥这下傻了眼，嘴唇哆嗦着却不知要说什么，展铁柱趁机又说："胡哥，其实我也不想把小事弄大了，闹到老总那儿对谁都不好。我想会不会是会计把发票弄丢了？事儿这么多，您也不可能都照顾到了，要不您再找找？"胡哥连忙点头。下午的时候，胡哥亲自把钱送给展铁柱，而且以后再也没找过展铁柱的麻烦。

展铁柱实在是个很聪明的男孩子，如果当时他和"胡哥"大吵一架的话，估计也能把钱要回来，甚至让"胡哥"挨批，但他以后的日子一定会更不好过。当然他也可以把这口气忍下去，不过以后他就会遇到更多这样的事，谁让他是"软柿子"呢！每个人都可能遇到展铁柱这样的事，这时候你就要学习学习展铁柱的策略，把罚酒、敬酒一起端上桌，让对方自己选择，这样一来恐怕没有什么事是解决不了的。

"罚酒"与"敬酒"作为一种沟通谋略，或者作为一种交际手段，无论何种场合都不可偏废，我们如果能一边体现友善、通情达理，一边显示尊严和力量，就一定会在交际中大获成功。

❖ 真诚的话语，最能打动人

人是有感情、有理智的动物。虽然有些人在特殊的情况下，失去了理智，但你以真诚的话语表达自己的内心时，还是会收到意想不到的效果。

大家来看看下面这件事。

17岁的孤女好不容易在高级珠宝店找到一份销售工作，试用期还未过。新年快到了，店里的工作特别忙，姑娘干得很带劲，因为她听经理对别人说，有意让自己留下。

这天她来到店中，正将柜台内的戒指拿出整理。不经意间，姑娘瞥见柜台那边走来一位30岁左右的顾客，他一脸的愤怒，褴褛的衣衫诉说着主人的遭遇，他用一种不可企及的、贪婪的眼神盯着那些价值不菲的首饰。

"叮铃铃！"电话铃声响起，姑娘急着去接电话，一不小心，却将碟子碰翻，6枚精美绝伦的钻石戒指散落在地。她慌忙四处寻找，不过只捡起了其中的5枚，可第6枚戒指呢？姑娘怎么也找不到，急得出了一身冷汗。这时，她看到那位30岁左右的男子正向门口走去，顿时，她恍然大悟……当男子的手将要触及门柄时，姑娘柔声叫道：

"对不起，先生！"

那男子转过身来，两人对视良久。

"什么事？"他问，脸上的肌肉在抽搐。

"什么事？"他再次问道。

"先生，这是我第一次工作，现在找个事做很难，是不是？"姑娘神色黯然地说。

男子久久凝视着她，终于，一缕柔和的微笑浮现出来："是的，的确如此。"他回答。

"但是我能肯定，你会在这里干得不错。"

停了一下，他向前一步，把手伸给她："我可以为你祝福吗？"

姑娘立刻伸出手，两只手紧紧握在一起，她用低低的但十分柔和的声音说："也祝你好运！"

他转过身，慢慢走向门口，姑娘目送着他的身影消失在门外，转身走向柜台，把手中握着的第6枚戒指放回原处。

这本是一起盗窃案。一般情况下，人们会采用"抓现行"的方法追回赃物。但姑娘没有，她用令人怜惜的口吻打动了盗窃者，使其良心发现，从而避免了一场纷争。不难想象，如果姑娘声张起来，盗窃者必然不会承认。其结果，不但姑娘要赔偿损失，而且她那来之不易的工作也许会因此而丢掉。

还有这样一件事。

某山区支部书记带领群众修路时，放炮炸石砸断了一家农户的梨树。这棵梨树是农户的财源，主人揪住支书要他赔。

支书说，秋后一定赔偿，但主人不肯。主人的兄弟一拥而上，把支书好一顿打。村里的群众都火了，要求狠狠整治打人者。第二天开村民会，闹事者也觉得理屈，准备挨整。

不料，支书竟先做检讨："老少爷们，我还年轻，得靠大家帮扶。哪个活我安排错了，哪句话我说得不对，大家担待，我做检讨。"而被打的事竟只字不提。

后来，闹事的人找到支书，当面认了错："你是为全村，我是为自家，我错了！今天你咋说，我咋干，听你的。"

这位支书为了帮乡亲们开辟新路，他忍下了个人委屈。最终赢得了理解和支持。

1977年8月，几名克罗地亚人劫持了美国环球公司从纽约拉瓜得机场飞往芝加哥奥赫本的一架班机，在与机组人员僵持不下之时，飞机兜了一个大圈，越过蒙特利尔、纽芬兰、沙浓，最终降落在巴黎戴高乐机场。在这里，法国警察打瘪了飞机的轮胎。

飞机停了3天，劫机者同警方僵持不下，法国警方向劫机者发出最后通牒："喂，伙计们！你们能够做你们想做的任何事，但美国警察已经到了。如果你们放下武器同他们一块回美国去，你们将会被判处不超过2至4年有期徒刑。这也意味着你们可能在10个月左右被释放。"

法国警察停顿片刻，目的是让劫机者将这些话听进去，接着又喊道："但是，若是要我们逮捕你们，按我们的法律，你们将被判处死刑，那么你们愿意走哪条路呢？"劫机者选择了投降。

本例中的劫机者，一方面因为机组人员的抵抗及警方的追捕，而无法达到预定目的；另一方面由于不清楚警方的态度而不敢轻易放下武器，陷入了进退两难的境地。危急关头，法国警察在劝说中明确地为对方指出两条道路——投降或者顽抗。投降的结果是，10个月左右的有期徒刑，而顽抗的结果只能是死刑。面对这两条迥异的道路，早已心慌意乱的劫机者识相地选择了缴械投降。

由此可以看出，在危急时刻，真诚的话语能够赢得对方的同情、理解、宽容、原谅，以达到解释、说服、引导、相互沟通、化解矛盾的目的。

一张一弛，咱也要稳中求妥

接下来的篇章，我们要讲的是另一种大脑运作，这是一种有意识的思想活动，这需要我们思考以往的人生积累，借助经验与外界指示，去设法找出问题的解决之道。这种策略相对来说有章有法，井然有序，稳中求进，不足之处是缓不济急，而且它需要我们做大量的准备，甚至是一个较长时间的过程。在这里，我们且称之为"慢想"。"快思"与"慢想"其实是我们头脑中的两位主角。它们偶尔针锋相对，但更多的时候则相互弥补，并肩作战。如果说，我们还希望自己能够变得更加聪明、更加冷静、更加机智，那就一定要学会运用"快思"与"慢想"的思维规则。

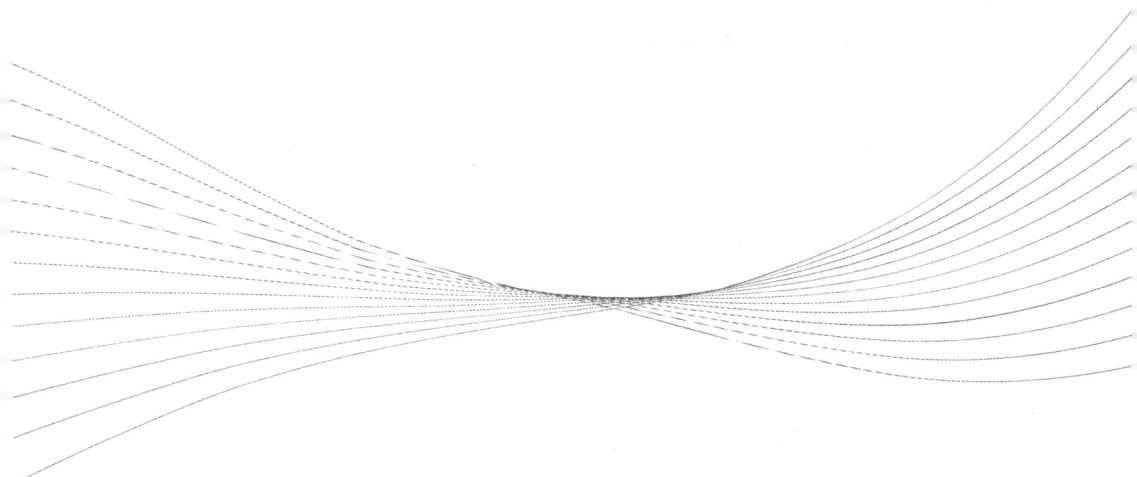

心细的人容易创造奇迹

我们的人生充满了太多的未知变数，显而易见，并不是所有的问题我们都可以凭借第一反应就将其解决掉。是的，很多时候我们还需要平静心态，保持理智，深思熟虑，在稳中求得进步。所以奉劝大家，最好不要让自己的手脚比大脑动得快。

❖ 急躁不能解决问题

我们应该让自己稳重一些，面对人生中的林林总总千万不要急躁，假如，你的心态急躁的话，是做不好事情的。为什么这样说？因为细节决定成败，很多人不乏才能但却无缘成功，其实缺的就是感受细节的智慧。如今很多人，也许随着都市生活节奏的加快，心也跟着变得急躁起来，这样其实是很不好的。做人必须要有个好心态，有好心态我们才能做出好事情。

其实在人生的旅途中，有太多的未知因素影响着我们，这其中既有顺境亦有逆境。或许此时，我们风生水起、无往不利；或许彼时，我们步履艰难、如履薄冰。但不管是逆境还是顺境，我们都不能过于急躁。倘若我们能够抱持"任凭风浪起，稳坐钓鱼船"的态度，将心置于安定之中，不随外物流转而变动，我们的生活就会潇洒许多。

但偏偏很多人，利益之下，往往会患得患失，倘若过分计较自己的利益，则成功必然会与我们相距甚远。在现实生活中，我们常自以为如何如何才是最好，但事与愿违的事情时有发生，往往令我们意不能平。其实，我们所面对的，无论是顺境还是逆境，都是上天对于我们最好的安排。倘若能够认识到这一点，我们便能在顺境中心存感恩，在逆境中依旧心存喜乐。但事实上，世界上真的有一种力量，总是令我们茫然，令我们感到不安，令我们心灵一直无法归于宁静，这种力量就是急躁！急躁不仅是人生的大敌，而且还是各种心理疾病的根源所在。

曾经听过这样一个故事，或许会对大家有所启示。

相传古时有兄弟二人，他们都很有孝心，每日上山砍柴换钱为老母亲治病。

一位神仙为他们的孝心所感动，决定帮助他们。于是神仙告诉二人说，用四月的小麦、八月的高粱、九月的稻、十月的豆、腊月的雪放在千年泥做成的大缸内，密封七七四十九天，待鸡叫三遍后取出，汁水可卖大价钱。

兄弟两人各按神仙教的办法做了一缸。待到第四十九天鸡叫二遍时，老大耐不住性子打开缸，一看里面是又臭又酸的水，便生气地洒在地上。老二则坚持到了鸡叫三遍后才揭开缸盖，发现里边是又香又醇的酒。

"洒"与"酒"只差一横，只早了那么一小会儿，便造就了两种截然不同的命运。人生在世，必要时，我们需要在心中添上一把柴，以使希望之火燃得更加旺盛；有些时候，我们又要在心中加一块冰，让自己沸腾的心静下来，剔除那些不切实际的欲望。其实，只要我们能够真正静下心来，我们的人生就一定会比现在好得多。

急躁这种情绪，可以说是我们成功路上的最大绊脚石。人一旦急躁起来，就会陷入一种应激状态中，好大喜功，轻率冒进，火气变大，神经越发紧张，久而久之便演化成一种固定性格，使人在任何环境下都无法平静下来，因而在无形中作出很多错误的判断，造成诸多难以弥补的损失。长此以往，便会形成一种恶性循环，终使我们被淹没于生活的急流之中。所以说，一个人若想在人生中有所建树，首先就要平心静气，其次便是要脚踏实地。

❖ 不要急着说，先要细细听

生活中，那些说话办事的高手，首先必然是一个注意倾听别人说话的人。倾听别人说话表示敞开自己的心扉，坦诚地接受对方、宽容对方、体贴对方，因而才能让彼此心灵相通，获得成功与友情。

然而，很多人在与人谈话时，都会不自觉地犯这样的"错误"：总急着说自己的事情，结果是长篇大论、喋喋不休，完全忽略了对方是不是对我们的谈话感兴趣，这是很不明智的。正确的做法应该是让对方尽情地说话，说得越多越好。你应该学会向他提出问题，最好能让他把自己的一切都向你和盘托出，这样你们之间的距离就会越拉越近，直至成为好朋友。

你在和别人交际、谈话时，如果你不同意他的见解，你也许会急着打断他。不要那样做，那样做很危险。当他有许多话急着要说的时候，他是不会理你的。因此，你要耐心地听着，抱着一种开阔的心胸，诚恳地听他充分说出自己的想法，这或许会带给你意想不到的收获。

我们来看看下面这个故事。

石俊伟是一家天然食品公司的推销员。一天，他还是一如往常把芦荟精的功能、效用介绍给一位陌生的家庭主妇，对方同样没有兴趣。石俊伟自己嘀咕："今天又无功而返了。"当石俊伟正准备向对方告辞时，突然看到阳台上摆着一盆美丽的盆栽，上面种着紫色的植物。石俊伟于是请教对方说："好漂亮的盆栽啊！平常似乎很少见到。"

"确实很罕见。这种植物叫嘉德里亚，属于兰花的一种。它的美，在于那种优雅的风情。"陌生的家庭主妇从容地解释道。

"的确如此。会不会很贵呢？"石俊伟接着问道。

"很昂贵。这一盆盆栽就要 800 元呢！"家庭主妇口气当中有炫耀的成分。

"什么？800 元……"石俊伟故作惊讶地问道。

石俊伟心里想："芦荟精也是 800 元，大概有希望成交。"于是慢慢地把话题转入重点："每天都要浇水吗？"

"是的，每天都要很细心养育。"

"那么，这盆花也算是家中的一分子喽？"这位家庭主妇觉得石俊伟真是有心人，于是开始倾囊传授所有关于兰花的学问，而石俊伟也聚精会神地听。

过了一会儿，石俊伟很自然地把刚才心里所想的事情提出来："太太，您这么喜欢兰花，您一定对植物很有研究，您是一个高雅的人。同时您肯定也知道植物带给人类的种种好处，带给您的温馨、健康和喜悦。我们的天然食品正是从植物里提取的精华，是纯粹的绿色食品。太太，今天您就当作买一盆兰花把天然食品买下来吧！"

结果对方竟爽快地答应下来。她一边打开钱包，一边还说道："即使是我丈夫，也不愿听我唠唠叨叨讲这么多；而你却愿意听我说，甚至能够理解我这番话。希望改天再来听我谈兰花，好吗？"

这一结果出人意料，但并非在情理之外。实际上，只要你善于以话语诱导对方，你要办的事情往往会柳暗花明，甚至在你毫无思想准备的情况下骤然成功。

我们每个人说话的目的是为了表达个人的思想和意念。谁都具有想要表现自己、说出自己主张的强烈欲望，倘若有人能够满足他的自我表现欲望，则听者对说者而言，必将其引为知己而大受欢迎。

打个比方，你是一个商人，若接到顾客的投诉时，该怎么办呢？首先必须站在顾客的立场上，冷静且耐心地倾听，一直等对方把要说的话说完。训练有素的推销员戴维曾经说过："处理顾客投诉，推销员要用80％的时间来听话，用20％的时间说话。"

任何一个顾客来投诉，无论开始脾气有多大，只要我们耐心地听，鼓励他把心里的不满都发泄出来，那么，他的脾气会越来越小，直到让自己完全平静下来。只有恢复了理智，才能正确地着手处理面前的问题。而且因情绪激动而失礼的顾客冷静下来以后，必然有些后悔，这比我们迎头批评他们要有效得多。

有一位姓马的先生在他订的牛奶中发现了一小块玻璃碎片，于是前往牛奶公司投诉。不用说，他的情绪是愤怒的。一路上他已经打好腹稿，并想出了许多尖刻的词语。一到总经理办公室，他连自我介绍都省略了，把李经理伸出的友谊之手也拨向一旁，把自己的不满情绪一股脑儿地发泄出来：

"你们牛奶公司，简直是要命公司！你们都掉进钱眼里去了，为了自己多赚钱，多分奖金，把我们千百万消费者的生死置之度外……"

好在这位李经理经验丰富，面对这么强大的刺激，毫不动怒，仍旧诚恳地对他说："先生，究竟发生了什么事？请您快点告诉我，好吗？"

马先生继续激动地说："你放心，我来这里正是为了告诉你这件事的。"说完，从提袋中拿出一瓶牛奶，"砰"的一声，重重地往办公桌上一放，说："你自己看看，你们做了什么样的好事！"

李经理拿起奶瓶仔细一看，什么都明白了。他变得严肃起来，有些激动，说："这是怎么搞的，人吃下这东西是要命的！特别是老人和孩子若吃到肚子里去，后果不堪设想！"

说到这里，李经理一把拉住马先生的手，急切地问："请你赶快告诉我，家中是否有人误吞了玻璃片，或被它刺伤口腔。咱们现在马上要车送他们去医院治疗。"说着，抄起电话准备叫车。

这时候，马先生心中怒火已消了一大半了，他告诉李经理说，并没有人受伤。李经理这才放下心来，掏出手帕，擦擦额头上渗出的汗珠说："哎呀！真是谢天谢地。"

接着李经理又对马先生说："我代表全公司的干部职工向您表示感谢。因为您为我们指出了工作中的一个巨大的事故隐患。我要将此事立刻向全公司通报，采取措施，今后务必杜绝此类事情发生。还有，您的这瓶牛奶，我们要照价赔偿。"

李经理的这番话，一下子把气氛给缓和了。马先生接过那瓶奶钱的时候，气已经全消了，而且还有点内疚："经理是个这么好的人，我开始真不该给他扣那么多的帽子。"

接下去，他便开始向李经理建议，该采取什么样的措施才能避免此类事故再次发生。结果越谈越融洽，原来双方都是站在一个立场上。

李经理处理这起顾客投诉，有几点做得很好：

第一，当顾客发火时，他很冷静；

第二，用询问法鼓励顾客把真正的原因讲出来；

第三，当顾客讲清原因后，站在顾客的立场上考虑问题，当即采取措施；

第四，对顾客前来投诉表示诚挚的感谢，并就搞好工作的问题继续听取顾客的意见。

耐心听取对方的倾诉是很重要的。一个人一分钟能听 600 个字，而在一分钟内只能讲 120 个字，所以当一方滔滔不绝地说话时，另一方有充裕的时间去考虑问题。不要在未听完对方的全部意见之前就做解释，或急于表态、下结论。

咱们中国有句俗话："会说的不如会听的。"是否善于听话，是一个人是否具有沟通能力的关键因素。只有会听，才能更准确地把握谈话者的意图、流露出的情绪、传递出的信息，更好地促使对方继续谈下去，达到最终的目的。所以说只有会听，才能会说。

❖ 耐心听出说话的重点

透过前文的了解，我们显然已经明白，人际交往中，听是一件十分重要的事情。古希腊先哲苏格拉底就曾说过："上天赐人以两耳两目，但只有一口，欲使其多闻、多见而少言。"但事实上，我们仅仅多见而少言还是不够的，听人说话，不但要认真听，而且要听明白，抓住对方说话的重点。

有的时候，说话者要说的重点内容不是很简单明了，很难听出来。这个时候，就要求听者对说话人所说的内容做重点分析，在分析之后，才能知道说话者所要表达的重点内容是哪些，从而成功地理解说话人的用意。

善于听，能听出重点是非常重要的交流方法。一个善于听话的人，总是能很顺利地找到解决问题的方法，也能够很顺利地建立和谐的人际关系。

我们来看看这样一件事。

有一次，几个好朋友一起去一所有名的大学玩儿，由于这所大学非常大，为了避免走冤枉路，这几个朋友每寻找一个地方就会向身边的人问路。

其实问路是一件非常简单的事情，回答也是一件非常简单的事情，但是如果问路的人比较多，回答的人有时就会出现忙乱。

这几个朋友走了一会儿，觉得肚子饿了，就想去食堂吃饭。这个时候，有一个朋友发现在不远处，有两个男生正在为别人指路。他们跑过去问其中的一个人说："你知道学校的东门在哪里吗？"

这个男生说出了东门的位置，因为比较复杂，听话的人没有听明白。这个时候他放弃了这个问题，然后问："你知道第七食堂在哪里吗？"

这个男生又开始说食堂的位置，但是同样十分复杂。听者听完还是一头雾水。这个时候，旁边的那个男生说："你们是要去东门附近的食堂，还是去第七食堂吃完了再去东门呢？"

这几个朋友说："我们希望去第七食堂吃完了饭再去东门。"

这个时候，问话的男生很快地将去食堂的路线告诉了这几个朋友，然后又对他们说："你们从第七食堂出来，一直走，就能看见一个巨大的标志物，顺着这个标志物的方向走，你们就能找到东门了。"

这两个指路者，一个能很快地抓住问话人的主要意思，知道他们有两个目的地，那就是东门和第七食堂。但是，另一个指路者并没有弄清楚这两个目的地有什么样的关系。后一个指路者很快从提问人的话中抓住了这个主要的信息内容，那就是先后的关系。弄清楚先后的关系，就能很快地将明确的路线指给问路人。

人与人之间需要沟通和协作，如果一方在另一方说话的时候不能有效地听出说话的重要内容，就没有办法理解他人的意思，这样就不能做到有效的沟通。只有抓住了说话人说话的重点，才能深刻地理解说话人话语的含义，从而达成沟通的默契。

可见，在与人沟通的过程中，说非常重要，听也一样很重要，善于说话的人更要善于听，因为能够清楚地听出说话人想要说的重点，这样才能在解决问题时有效地达到自己的目的。

范宇楠是一个公司销售部的经理，有一次，他接待一个客户。这个客户虽然年纪大了，但是精神矍铄，言谈有力。在与客户谈话的过程中，范宇楠很快就知道这个客户一向喜欢运动，所以他当即就决定请这个客户去健身。但是，他还没有弄清楚客户喜欢什么样的运动。

于是范宇楠又和客户谈了几句，在谈话的过程中，客户不断地提到和别人打网球的时候发生的事，说话的时候神情十分愉快，而且他重复这类运动的次数比其他的运动项目要多得多。由此，范宇楠很快就判断出，这个客户对网球非常偏爱。

于是，在安排活动的时候，范宇楠自然就带着客户去了一家设施比较好的网球馆。客户对于这个安排非常满意，在运动结束后，他夸奖范宇楠是个非常优秀的销售经理，因为他知道别人需要什么。客户很愉快地和范宇楠的销售部建立了合作关系。范宇楠因为从客户话语中知道了客户的喜好，自然就获得了客户的好感。这是建立良好关系的第一步，有了这个良好的开端，下面的合作谈起来就十分顺利了。

由此可见，在人际交往过程中，特别是一些特定的情况下，听出说话人的说话重点是非常重要的。只有听出重点，才能建立良好的人际关系。听出重点是对别人的尊重，同时也能顺利地达到自己的目的。

俗话说："锣鼓听声，说话听音"，我们在听人说话时，理解角度要准确，才能不偏不倚、把握重点，才能更准确地领会对方话语中的含义。所谓"理解的角度"，就需要你分析对方是在什么情况下说出什么样的话语，由此推断他的真正意图，而后你再去迎合或是故作不知，这需要视情况而定。

❖ 心细的人容易创造奇迹

大事干不了，小事又不愿干——很多心高气傲的年轻人都是这样，到头来，小的错过了，大的也只能眼睁睁地看着成为他人的囊中之物。归根到底，是因为这些人不明白，小至个人，大到一个公司、企业，他们的成功发展，都是来源于平凡工作的积累。因此不要看轻任何一项工作，没有人可以是一步登天的。当我们认真对待并做好每一件事时，我们会发现自己的人生之路越来越广，成功的机遇也会接踵而来。

人如果能一心一意地做事，世间就没有做不好的事。这里所讲的事，有大事，也有小事，所谓大事与小事，只是相对而言。很多时候，小事不一定就真的小，大事不一定就真的大，大事小事可能很有关联，小事积成大事，关键在做事者的认识能力。某些一心想做大事的人，常常对小事嗤之以鼻，不屑一顾，其实连小事都做不好的人，大事也是很难成功的。

先哲们常教我们"勿以善小而不为，勿以恶小而为之"。这是因为先哲们明白："小事正可于细微处见精神。有做小事的精神，就能产生做大事的气魄。"不要小看做小事，不要讨厌做小事。只要有益于工作，有益于事业，人人都从小事做起，用小事堆砌起来的事业大厦就是坚固的，用小事堆砌起来的工作长城就是强硬的。

有位女大学生，毕业后到一家公司上班，只被安排做一些非常琐碎而单调的工作，比如早上打扫卫生，中午预订盒饭。一段时间后，女大学生便辞职不干了。她认为，凭她的学历，不应该蜷缩在厨房里，而该干更重要的事。可是一屋不扫，何以扫天下？一个普通的职员，即使有很好的见解，通常被重用前也要有一段让人认识你的时间。

一般人都不愿意做小事，但成功者与一般人最大的不同，就是他愿意做别人不乐意做的小事情。懂得"成大事要从小事做起、要当经理就得从扫地开始"的道理。只要我们每件事都多做一点，每一件别人不愿意做的小事我们都自愿地去多做一点，我们的成功率一定会高于那些摆空架子的人。

美国标准石油公司曾经有一位小职员叫阿基勃特。他在出差住旅馆的时候，总是在自己签名的下方，写上"每桶4美元的标准石油"字样，在书信及收据上也不例外，签了名，就一定写上那几个字。他因此被同事叫作"每桶4美元"，而他的真名倒没有人叫了。

公司董事长洛克菲勒知道这件事后说："竟有如此努力宣扬公司声誉的职员，我要见见他。"于是，洛克菲勒邀请阿基勃特共进晚餐。后来，洛克菲勒卸任，阿基勃特成了第二任董事长。

也许，在我们大多数人的眼中，阿基勃特签名的时候署上"每桶4美元的标准石油"，这实在是小事一件，甚至有人会嘲笑他。可是这件小事，阿基勃特却做了，并坚持把这件小事做到了极致。那些嘲笑他的人中，肯定有不少人的才华、能力在他之上，可是最后，他却升任为董事长。可见，任何人在取得成就之前，都需要花费很多的时间去努力、不断做好各种小事，才会达到既定的目标。

一个人的成功，有时纯属偶然，可是，谁又敢说，那不是一种必然呢？恰科是法国银行大王，每当他向年轻人谈论起自己的过去时，他的经历常会唤起闻者深深的思索。人们在羡慕他的机遇的同时，也感受到了一个银行家身上散发出来的特质。

还在读书期间，恰科就有志于在银行界谋职，但接二连三地碰壁。有一天，恰科来到一家银行，"不知天高地厚"地直接找到了董事长，希望董事长能雇用他。然而，他刚与董事长一见面，就被拒绝了。对恰科来说，这已是第52次遭到拒绝了。当恰科失魂落魄地走出银行时，看见银行大门前的地面上有一根大头针，他弯腰把大头针拾了起来，以免伤到路人。

回到家里，恰科仰卧在床上，望着天花板直发愣，心想命运为何对他如此不公平，连让他试一试的机会也没给，在沮丧和忧伤中，他睡着了。第二天，恰科又准备出门求职，邮递员送来一封信，他拆开一看，正是银行的录用通知。恰科欣喜若狂，甚至有些怀疑这是否在做梦。

原来，昨天就在恰科蹲下身子去拾大头针时，被董事长在楼上看见。董事长认为如此精细谨慎的人，很适合当银行职员，所以，改变主意决定雇用他。正因为恰科是一个对一根大头针也不会粗心大意的人，因此他才得以在法国银行界平步青云，终于有了功成名就的一天。

于细微处可见不凡，于瞬间可见永恒，上面说的都是一些"举手之劳"的事情，但不一定人人都愿意"举手"，或者有人偶尔为之却不能持之以恒。

"千里之行，始于足下。"我们应该把从小事做起养成一种习惯。不积硅步，无以至千里；不积小流，无以成江海。不执着于小事是一种远大的抱负，因看不起而不去做小事就是一种无知了。

❖ 波澜不惊是种高姿态

每天，当我们打开电视和报纸，都会看到许多令人不安的新闻。欧洲又发现了一例"疯牛病"，你情不自禁地会想：我今天吃的牛肉汉堡可别有"疯牛病"……股市又下跌了，你开始担心自己买的股票……美国发生了校园枪击事件，你在震惊之余，又为你在美国留学的孩子揪起了心……医生说，坐便马桶不卫生，会传染疾病。你又忽然紧张起来，因为你白天开会时刚刚使用了办公楼里的公共卫生间……

在家中、在单位，甚至走在大街上，你也会遇到许多烦心的事：孩子功课不好，又不用功；单位领导莫名其妙地冲你发火，为一件微不足道的小事足足批评了你一个小时；在路上，一个人嫌你挡了他的道，骂骂咧咧没个完……

正如古人所说，人们面对着外界的这些混乱干扰，心情怎么能够承受得了？

那么，该如何办呢？保持心情的平静。只要稍微平静下来，你眼前的一切就会是完全不同的情形。

让我们试着用平和宁静的心情来看待那些曾让我们心烦意乱的外界干扰。

世界就是这样，每天都会有很多坏消息、坏事报道出来了，说明人们已经有了警觉。如果自己无力改变，相信会有人去改变，自己以后当心一点儿就是了。孩子让你操心，但最终要靠他自己努力，你尽到责任就可以了，不必为此而闹心。领导可能是有烦心事，不过是拿你当出气筒，不要太在意，受点儿委屈，也就过去了。路上遇到的那个人是很无礼，但你现在早已脱离了那人，忘了那人吧，那人早已走了，你还在为他而生气，不是继续替那人折磨自己吗……

庄子说："至人无己。"

"无己"即破除自我中心，亦即抛弃功名束缚的小我，而达到与天地精神往来的境界。

从这里可以看出，庄子所主张的超脱，实际上是摆脱了一切之后的无知无欲，表现在人生理想上，那就是"无名"，即独与天地相往来的独善其身。

对于生活在现实中的我们而言，庄子对天地精神的崇拜，固然是显得玄虚了一些，但针对构成我们世界的纯利益追求以至于忘却了自己的人来说，庄子的宏论和超脱还是具有一定借鉴意义的。

任何人也不能做到如庄子所言无知无欲而达到超脱，但效法天地之自然浑成，而注意自我心性的保持，能够超然物质欲求之外，也许，倒亦是颇为有益的境界。

关于这一点，庄子曾在《逍遥游》中讲了这样的寓言：

尧想把天下让给许由，说："日月都出来了，而烛火还不熄灭，要和日月比光，不是很难为吗？先生一在位，天下便可安定，而我还占着这个位，自己觉得很羞愧，请容我把天下让给你。"

许由说："你治理天下，已经很安定了。而我还来代替你，要为着名利吗？是为着求地位吗？小鸟在森林里筑巢，所需不过一枝，鼹鼠到河里饮水，所需不过满腹。你请回吧，我要天下做什么呢？"

这则寓言是说：天地之间广大无比，而在此之中，人所需又如此地渺小，拿自己的所需与天地相比那不是很可怜吗？那么何不效法天地之自然，而求得心性的自由和逍遥呢？

庄子要给予我们的也许是一种极宏远的宇宙观，让人认识到至广至大的极限处，解脱自我的封闭，超越世俗的小我。庄子的这种宇宙观，难道不是一种智慧的体现吗？

作为生命的个体，我们是淹没在万象的生命之中的。但正是作为个体，我们才时常能真切感受到生命的世界所具有的伟大和恢宏。

只要你觉得自己是一个值得一活的人，人生的危机就不会妨碍你去过充实的生活。如此，就会有一种安全感取代焦虑不安，而你也就可以快快乐乐地活下去，把不安之感减低到最低限度。有了这种"安全感"，也就自然会有心灵的平和宁静。

要保持宁静的心态，可以在遇到烦心的事时有意识地改变一下想法。比如在乘公共汽车时碰到交通堵塞，一般人会焦躁不安，但你可以想："这正好使自己有机会看看街道，换换脑子。"如果朋友失约没来找你玩，你也不必心生烦闷，你可以想："不来也没关系，正好自己看看书。"

这样转换想法，就可以使烦躁的心境变得平和起来。

❖ 每走一步，都要小心谨慎

不知大家对狼是否有所了解，伏击战是狼群捕猎时的惯用手法，它们称得上是伏击高手。不过，狼有时也会成为人类或是其他大型食肉动物的猎取目标，因而它们也不可避免地要遭遇伏击战术。其中，尤以陷阱最为霸道，倘若一只狼不具备高度的危机意识，那么纵然凶悍异常，它们同样极有可能成为其他动物的食物，或是坠入猎人的陷阱坐以待毙。

所以，虽然食物的诱惑对狼而言无比巨大，但是它们绝不会轻易去吞食天上掉下来的馅饼，理性告诉它们——"这有可能是一个陷阱"，它们因此保持着足够的警惕性。一般而言，在距离人类居住较近的地方活动时，它们会分外地小心，它们甚至会用嘴叼起一些物体扔到牲畜尸体附近，以探明是否有陷阱存在。在确认周围没有陷阱以后，它们才会慢慢靠拢过去，但试探并未到此为止，它们还是不放心，所以不会立刻扑上去大快朵颐。它们会用自己灵敏异常的鼻子去嗅动物尸体，倘若发现了异味，那么狼是绝对不会吃的，因为那有可能是猎人撒了毒药的诱饵。

得益于这种极高的警惕性，狼的种族才能繁衍生息到现在。在现实社会中，我们同样不能缺少这种警觉性，这是我们能否生存下去的关键所在。没有这种危机意识，别人给你个蒺藜你甚至还会当甜枣，这样又如何能看清眼前的"杀机"？

有这样一个故事，对我们来说就颇有警示意义，大家一起去看一下。

在唐玄宗时，由李适之和李林甫两位宰相共同辅政。二人面和心不和，互相暗斗，但表面上还很客气。唐玄宗沉于酒色，穷奢极欲，弄得国库日见空虚，满朝文武都很着急，日夜思谋开源节流之计。最后，皇上也感觉到了财政威胁，下诏让两位宰相想办法。

形势所迫，二人都很着急，但李林甫最关心的却是如何斗倒政敌，独揽大权，看着李适之像热锅上的蚂蚁，李林甫生出一条毒计来。

散朝之后，二人闲扯，李林甫装作无意中说出华山藏金的消息。他看到李适之眼睛一亮，知道目的达到了，便岔开话题说别的。李适之果然中计，忙不迭回家，洗手研墨写起奏章来，陈述了一番开采华山金矿、以应国库急用的主张。

唐玄宗见到奏章大喜，忙召李林甫来商议定夺，李林甫装出欲言又止的样子，玄宗急催："有话快讲！"李林甫压低了声音装作神秘地说："华山有金谁不知？只是这华山是皇家龙脉所在，一旦开矿破了风水，国祚难测。"玄宗听罢点头沉思，那时，风水之说正盛行，认为风水龙脉可波及子孙，保佑国运。而今听得李适之出了这样的馊主意，玄宗心中当然不高兴。李林甫见有机可乘，忙说："听人讲，李适之常在背后议论皇上的生活末节，颇有微辞，说不定，这个开矿破风水的主意是他有意……"玄宗心烦意乱，拂袖到后宫去了。李林甫见目的达到，心中暗喜。

自此，玄宗见了李适之就觉得不顺眼，最后，找了个借口，把他革职了。朝廷实权，便落在了李林甫手中。

这个故事告诉我们——对于别人白送给你的任何东西，都要擦亮眼睛辨别清楚，否则口感不好是小事，吃坏了肠子、吃坏了胃就成了大事。

事实上，生活中那些谨慎的人总是会尽量使自己保持理性，遇事不慌不乱，是非利弊定要断个清楚。这是成大事所不可缺少的一种素质。一个卓有见识的人，即使在十分安全的地方，对生活中发生的不同寻常的事情或举动，都会居安思危，事先看透他人的真实内心，而采取未雨绸缪的防范之策。

那么，怎样才能了解一个人的本质呢？大致可以分以下几步来进行：

第一个阶段是描述性阶段，通过初步的接触、观察即能描述所观察对象的外貌特征、兴趣爱好以及文化水平程度、工作情况、社会地位等。

第二个阶段是预测性阶段，即进一步了解观察对象的性格特点、思维特征、思想感情、为人处世的态度等。此阶段不但能够准确地描述一个人，而且还能预测到一个人的行为。

第三个阶段是解释性阶段，即进一步对一个人的性格成因、生活经历、行为动机及心理基础等进行全面的了解与认识。此阶段不但能预测一个人的行为，同时还能解释其行为的动机以及性格的心理基础。由此，观察一个人，必须正确掌握观察的深度，特别是对一个未知的"陌生人"更不可盲目地下结论，只有通过多方面的认真考察，才能获得准确的了解。

通过三个阶段的融会贯通，人们可以很快地了解一个人的内心动态。从而推断一个人的未来与动向。虽然不少人行为反常、性格怪异，甚至表现为顽劣不堪，但明眼人一眼便能透过这表面现象看出他们的本来面目。

伟人与凡人，心力高超的人与智力平平的人，差别仅在咫尺之间。就是在那很微小的地方，有的人发现了重要的甚或石破天惊的事件，有的人却一无所见。因此，每个人都不可忽略小事，常常就是在小事上，就在对一个人举手投足的认识上，可以看出事物变化的真实情况。

虽说人际交往中应以诚相待，但做人还是谨慎一点好。我们善良，不过面对这个复杂的现实社会，理性的谨慎真的不可或缺，那不是不坦诚，而是必需的自我保护。

❖ 不要让手脚比大脑动得快

孙子说："多算胜，少算不胜，由此观之，胜负见矣。"这里的"算"从某种意义上我们可以理解为是"胜算"，也就是取胜的把握。胜算较大的一方多半会获胜，而胜算较小的一方则难免见负，如果是毫无胜算的战争更不可能获胜了。生活中，有很多人都有冒险的性格，但把握不住度，常行动过激，所以失败。要知道，没有保险导致的冒险一定是危险。

战术要依情势的变化而定，整个战争的大局，必须要有事先充分的计划，战前的胜算多，才会获胜，胜算小则不易胜利，这是显而易见的道理。如果没有胜算就与敌人作战，那简直是失策。因此，若居于劣势，则不妨先行撤退，待敌人有可乘之机时再作打算。无视对手的实力，强行进攻，无异于自取灭亡。

所以，凡事不要太过乐观，一旦大意轻敌，将陷入无法收拾的可悲境地。这个道理在中外历史上屡屡应验。如日本在第二次世界大战时偷袭珍珠港，美军毫无防备，结果太平洋舰队几乎全军覆没。而日本当时胜算可谓极小，却仍然不顾一切地发动战争，其后果当然可想而知了。

这种倾向在现代企业经营策略之中亦极明显。的确，从某个角度来看，这种积极果敢的经营形态是造就某些企业经济繁荣的因素之一，但是这种做法虽然适用于基础的建立，却难以持续发展下去，没有把握的战争不可能一直侥幸获胜，终究会碰到难以克服的障碍。因此，当我们要开创事业，或者拓展业务时，最好还是有制胜的把握再动手。

要知道，成功之路并不是一帆风顺的，我们常常需要在冒险中经受打击，否则盲目乐观是错误的。然而，很多人在作决定时，常会犯一个老毛病，即"做了再说"。这种做法让你在行动时很潇洒，行动之后却要饱尝悔恨、无奈之苦。作为一方霸主的刘备，就曾经犯下过这样的错误。

孙权杀了关羽，抢回荆州，这两件事惹得刘备心里冒火。他不顾诸葛亮以及众文武大臣们的劝阻，亲自率领 75 万人马杀向东吴。

张飞命令 3 天之内做好白旗白甲，全军将士戴孝出征，并叫范疆（实为范强，《三国演义》中为范疆）、张达快去办理，误了期限就杀人。范疆、张达知道无法完成任务，就刺死张飞，投奔了孙权。

刘备听说张飞被害，大哭一场，对孙权更是恨之入骨。再说孙权听说刘备大军杀来，十分害怕，就写信请魏国帮忙。这时，曹操已经病死，曹丕正希望两家相争，自己从中得利，所以，一个救兵也不肯派。

孙权只好自己对付刘备。他先派年轻的孙桓、后派年老的甘宁等将领阻挡刘备，都被刘备打败。孙权急得没有办法，就把杀害张飞的凶手范疆、张达送给刘备，还愿让出荆州求和。刘备不答应，非要灭了东吴不可。

　　孙权急得不知如何是好。老臣阚泽推荐小将陆逊，说："如果不用陆逊，东吴非灭亡不可！"孙权便任命陆逊为大都督。陆逊说："我是文官，又这么年轻，恐怕有些人不服从我的命令。"孙权就把自己的宝剑交给陆逊，允许他先斩后奏。

　　果然，一些将领对陆逊不服。这时，蜀军天天跑到营前挑战，对东吴军队破口大骂。有些将领非要出营跟蜀军杀个痛快不可，陆逊严令不许出营。他要等蜀兵十分疲劳、麻痹大意的时候再出兵。

　　刘备听说孙权让小将陆逊做大都督，很不把他放在心上，说："我指挥打仗有年头了，还打不过一个小孩子吗？"

　　刘备的部队从春天出征直到夏天，也没打败东吴主力，就在树林里安营扎寨了。营寨一个挨一个，连绵几百里长。马良感到不妥，劝刘备说："这样安营，是不是征求一下丞相的意见？"刘备说："我很懂兵法，何必问孔明？"

　　陆逊得知刘备的营寨犯了兵法大忌，就想好了打败刘备的计谋。这天，东南风刮得很猛，陆逊指挥大队人马带着茅草和火种，兵分三路，一起杀进蜀营，把蜀军 40 个营地烧成一片火海，刘备在赵云的保护下逃到白帝城。西蜀从此一蹶不振。

　　在这里，刘备就犯了轻敌冒进的错误，他为兄弟报仇本无可厚非，但凡事都要讲个策略，不能完全凭冲动做事。

　　凭冲动行事，既未分清情况又没有衡量好自己的能力，因此往往会做一些让自己赔了夫人又折兵的后悔事，因此，在面临作决定时，首先，应先问问自己作这个决定到底是为什么，有什么目的，如果作此决定会产生何种后果。这样能促使你三思而后行，避免冲动。

其次，要锻炼自制力，尽力做到处变不惊、宽以待人，不要遇到矛盾就以"兵戎相见"，像个"易燃品"，见火就着。倘若你是个"急性子"，更应学会自我控制，遇事时要学会变"热处理"为"冷处理"，考虑过各个选项的后果后再作决定。

冲动情绪往往是由于缺乏周密思考引起的。要知道许多问题的产生都是冲动、未经深思熟虑的结果。

在任何时代、任何国家，有资格被尊为"名将"的人，都有个大原则，即不勉强应战，或者发动毫无胜算的战争。如三国时的曹操便是一例。他的作战方式被誉为"军无幸胜"。所谓的幸胜便是侥幸获胜，即依赖敌人的疏忽而获胜。实际上，曹操的战略方针确实有相当的胜算，他依照作战计划一步一步地进行，稳稳当当地获取胜利。

中国历史上的诸葛亮和世界历史上的凯撒大帝等人，均是因善于运筹帷幄才建立了不朽的功勋。

虽说行事之前要把握胜算，然而经济活动是人与人之间的竞争，所以不可能有完全的胜算。因为其中包含着许多人为的因素，诸如情感因素在内，无法确实地掌握。不过，至少要有七成以上的胜算才可进行计划。

而要做到有胜算把握，就必须知彼知己。孙子说："不知彼而知己，一胜一负；不知彼，不知己，每战必殆。"这句话虽然很容易理解，实际上做起来却颇难。处于现代社会中的人，均应以此话来时时提醒自己，无论做何种事均应做好事前的调查工作，确实客观地认清双方的具体情况才能获胜。

人生有时候还是需要运用"不败"的战术来稳固局势。就像打球一样，即使我方遥遥领先，仍需奋力前进，掌握得分的机会。荀子说："无急胜而忘败。"即在胜利的时候，别忘了失败的滋味。有的人在胜利的情况下得意忘形，麻痹大意，结果铸成意想不到的过错。须知"祸兮福之所倚，福兮祸之所伏"，在任何情况下，都要预先设想万一失败的情况，事先准备好应对之策。拿企业经营来讲，一个企业在从事经营时，必须事先做最坏的打算，拟好对策，务必使损失减至最低限度。如此一来，即使失败了也不会有致命的伤害，这一点至关重要。就个人来讲，如果有了心理上的准备，情绪上就会放松，遇到问题也会从容不迫地解决。

大家需要清醒地认识到，我们都是普通人，对一些事情考虑不周是正常的，在作决定时我们也要经常提醒自己这一点。因为思虑不周，所以更不能冲动，一定要控制好自己的感情，面对问题时尽量保持冷静。许多愚蠢的行为大多是在手脚转动得比大脑还快的时候产生的。在遇到与自己的主观意向发生冲突的事情时，若能冷静地想一想，不仓促行事，也就不会有冲动，更不会有事后追悔莫及了。

❖ 既顾头也要顾尾

常言道：人无远虑，必有近忧。做人不能只看眼前，人生如棋瞬息万变，一招不慎，便有可能满盘皆输。基于此，那些能成大事的人虽不惧冒险，但亦都谨慎得很，他们时时会为自己做着应变的准备。因为他们知道，破釜沉舟、背水一战、置之死地而后生并不是适合所有人的。

我们真的很有必要给自己留下一条或几条后路。一个人思考问题，处理事情，不但要顾及到眼前，并且还要考虑到长远。只有这样，才能安排协调好方方面面的关系，不致出现各种意想不到的困扰。否则冒冒失失，顾头不顾尾，说不定忧患就会一夜之间来到你的面前。做任何一件事情，没有一个长远和近期的通盘性考虑是不行的。

在现实生活中，努力培养自己的忧患意识，提高自己对事物发展的把握能力，是很有必要的。因为生活每天都在进行，我们身处的环境也在发生着日新月异的变化，我们也应该积极地面对这种变化，开拓思路，避开隐藏于暗中的危机，只有这样，成功的可能性才会得到提高。

有这样一个故事，相信会让大家有所领悟。

在希腊神话中，有位叫米若斯的国王为了报杀子之仇，向雅典发起战争，迫使雅典人每隔几年送7对童男童女到克里特岛，用来喂米若斯关在岛上迷宫中的怪牛。雅典王子武修斯决定杀死那头吃人的怪牛，于是，他和另外13名童男童女一道前往克里特岛。迷宫设计得非常复杂，进去的人没有一个能活着出来。为此，武修斯先用自己的魅力征服了米若斯国王的女儿，向这位公主讨到了走出迷宫的办法，最后不仅成功地杀死了怪牛，并且安全地返回雅典。走出迷宫的办法是，带上一个线团，从进入迷宫时开始放线，最后再循着线路返回。

其实在我们的人生路上，经常会碰到"克里特岛迷宫"，当然，我们自然要勇敢地闯一闯。只不过，有些时候，我们是胆大有余，细心不足，结果陷入"迷宫"无法脱身。那是因为，我们在进入迷宫之前，忘了非常重要的一件事——给自己留下一条退路。给自己留一条退路，其实不正是放自己一条生路吗？

要知道，世上的路有千万条，但最痛苦的是没有退路。有些人勇往向前，直到摔进悬崖，才知犯下大错，可又有什么用呢？因此不论做人做事，都要有板有眼，这样才能给自己留下一条退路。

掌握与运用机变与权变之理，在任何时候都注意给自己留下退路，这是一个高明的商人每一次出击之前都深思熟虑的问题。

人的认识过程是无限的，但是人的认识能力却是有限的。正因为人的认识能力的局限性，才使得人们对事物的认识有限，使得人们考虑问题难以周全；另一方面，人在社会生活中的地位和处境是不断变化的，有些变化可以预见、可以把握，但更高更深的变化并非如此。因此，人在考虑问题时就应该多做几手准备，为自己留下退路。

人生的博弈场上瞬息万变，许多事情都难以预料，因此，再有本事、实力再强的人，都不敢说自己做生意从不会失手。生意场上几乎没有生意是可以不冒任何风险的，获利多少往往与所冒风险的大小成正比，生意规模越大，获利越大，风险也就越大。

承担着风险，就要做好"万一出事"的思想准备。因此，一件事在投入运作之前，要想着为自己留下退路。

所以朋友们切记，我们做人做事，一定要给自己留下一条后路。譬如：话不要说太满，太满则易授人以口实；行动不要过激，过激则易招来最彻底的抵制，等等。正所谓"天有不测风云，人有旦夕祸福"，想要成就大事，就要对有可能出现的"变故"做好应对准备，以防患于未然。

想好人生目标， 这不是一朝一夕的问题

我们都知道目标的重要性，然而所谓目标，也并不是说你随便拟定一个什么想法、随便说想做点什么就可以的。目标的拟定与实施，纵然不能拖泥带水，但亦不可草率了事。至少我们应该考虑：以自己目前的条件，什么样的目标才适合自己；至少我们要知道，如何才能让目标顺利地得以实现。显然，这不是一朝一夕的问题。

❖ 人总得有个目标

毫无疑问，咱们大家谁都不愿成为一个庸人，但却有那么多的人成了庸人。世间的无奈真是一言难尽。成了庸人的人经常会羡慕成了伟人的人，甚至会吃不着葡萄就说葡萄酸。其实对葡萄有多渴望，只有他们自己知道，但他们永远都不会去找吃不到葡萄的原因。如果真要找也只是把原因归咎为客观条件所限，却不会看看自己曾经为能够吃到葡萄做出过多大的努力。人要有一点成就——"吃到葡萄"就必须找到摘葡萄的入手处，有了明确的方向才能进行后续的工作。否则，摘到葡萄的机会很小，摘到葡萄叶子的机会很大。

设定明确的目标，是所有成就的出发点。那98％的人之所以失败，就在于他们从来都没有设定明确的目标，并且也从来没有踏出他们人生目标的第一步。或者今天换这个目标明天换那个目标，结果处处挖井，处处无水。

你会发现，当你研究那些已获得成功的人物时，他们每一个人都各有一个明确的目标，已定出达到目标的计划，并且花费最大的心思和付出最大的努力来实现他们的目标。

在电影史上十大卖座的影片中，史匹柏的影片就占了四部，他在36岁时就成为了世界上最成功的制片人。他之所以取得这样的成就，与他确立的人生目标是密不可分的。

史匹柏在12岁时就确立了将来要成为电影导演的目标。在他17岁的时候，有一天下午，当他参观环球制片厂后，他的命运从此改变了。对他来说那不是一次简单的参观活动，在观看了一场实际电影的拍摄之后，他与剪辑部的经理长谈了一个小时。第二天，史匹柏就开始实施他的想法，他穿了套西装，提起父亲的公文包，里面塞了一块三明治，再次来到摄影场，装作是那里的工作人员。当天他避开了大门守卫，找到一辆废弃的手拖车，用一块塑胶字母，在车门上拼成"导演"等字。然后他就去认识各位导演、编剧、剪辑，在与别人的交谈中学习，观察并获得越来越多的关于电影制作的灵感。

终于在20岁那年，他成为正式的电影工作者。他在环球制片厂放映了一部他拍的不错的片子，因而签订了一份7年的合同，导演了一部电视连续剧，随后拍摄出了一系列震撼世界影坛的作品。就这样，他当著名电影导演的人生目标终于实现了。

从明确的目标中可以发掘出自力更生、个人进取心、想象力、热忱、自律和全力以赴的能量，这些全都是成功的必备条件。

除此之外，明确目标还具有下列的作用：

1. 专业化

明确目标鼓励你行动专业化，而专业化可使你的行动达到完美的程度。

你对于特定领域的领悟能力，以及在此领域中的执行能力，深深影响并促成你一生的成就。普通教育之所以重要，就在于它可使我们发现自己的基本需要和欲望，然而一旦你确定了自己的目标之后，便应立即学习相关的专业知识；而明确目标就好像一块磁铁，它能把达到成功必备的专业知识吸到你这里来。

2. 预算时间和金钱

你确定了明确目标之后的第二步，就应开始预算你的时间和金钱，并安排每天应付出的努力，以期达到这个目标。由于经过时间预算之后，每一分每一秒都有进步，所以时间预算必然会为你带来效益。同样地，金钱的运用应该有助于明确目标的达成，并确保你能顺利地迈向成功。

3. 对机会的警觉性

明确目标会使你对机会抱着高度的警觉性，并促使你及时抓住这些机会。

如果你能像发现别人的缺点一样快速地发现机会的话，那你就能很快成功。

4. 决断力

成功的人是因为能迅速地作出决定，并且不会反复变更；而失败的人作决定时往往很慢，且经常变更决定的内容。

因此，有98%的人从来没有为一生中的重要目标作过决定，就是因为他们无法自行做主并且贯彻自己的决定。

但是，如何克服不愿意迅速作决定的习惯呢？

先找出你所面临的最迫切的问题，并对此问题作出决定，无论作出什么样的决定都可以。因为有决定总比没有决定要好，即使开始时作了一些错误的决定，也没有关系，日后你作出正确决定的几率会愈来愈多。

如果你事先确定你的目标，也将有助于作出正确的决定，因为你可随时判断所作的决定是否有利于现实中目标的实现。

5. 促成他人与你合作

明确目标可使你的言行和性格散发出一种可信赖感，这种可信赖感会吸引他人的注目，并促成他人与你合作。

对于无法决定自己重要目标的人，会受到那些迅速作出决定的人的鼓舞。而对于那些少数已踏上成功之路的人，会辨认出谁才是成功之路的同伴，并且愿意帮助他们。

6. 信心

敞开心胸接纳"信心"这项特质吧！明确目标的最大作用就是它能使你的心态变得积极，并使你脱离怀疑、沮丧、犹豫不决和拖延的束缚。

这些束缚是你必须面对的主要障碍之一。充满自信，并且相信造物主创造宇宙的目的，在于使人类得以发挥自身的最大潜力，这将有助于你克服这些障碍。别犹豫！现在就开始。

7. 成功的意识

和信心关系密切的另一项优点是成功意识，这个意识能使你的脑海里充满了成功的信念，并且拒绝接受任何失败的暗示。

所以，及早树立明确的人生目标，确定自己的发展方向，将有助于你成为那个能够吃到葡萄的人。

❖ 想好了人生目标，我们才能发挥潜能

现在我们知道，在人生诸多的问题中，最大的困惑就是大家每天都稀里糊涂，一点不晓得生命中真正对他们有意义、有价值的东西是什么，无怪乎他们在得到所追求的东西之后内心依然空虚，叹道："难道人生就是如此？"

许多人之所以在生活中偏离了灯塔指引的方向，归根结底是没有弄清楚目标的正确含义，常常耗费心力于那些并非真正想要实现的目标上，因此才会遭受那么多的痛苦。

我们会有什么样的成就，会成为什么样的人，就在于先做什么样的梦。先有梦，才会有成就，想好了人生目标，我们才会发挥潜能。

这是一个真实的故事。

一个出生于旧金山贫民区的小男孩，从小因为营养不良而患软骨症，6 岁时双腿变形成弓字形，而小腿更是严重萎缩。然而在他幼小的心灵中一直藏着一个没有人相信会实现的梦——除了他自己。这个梦就是有一天他要成为美式橄榄球的全能球员。他是传奇球星吉姆·布朗的球迷，每当吉姆所属的克里夫兰布朗斯队和旧金山西九人队在旧金山比赛时，这个男孩都会不顾双腿的不便，一跛一跛地到球场去为心中的偶像加油。由于他穷得买不起票，所以只有等到全场比赛快结束时，从工作人员打开的大门溜进去，欣赏剩下的最后几分钟比赛。

13 岁时，有一次他有幸在布朗斯队和西九人队比赛之后，在一

家冰淇淋店里和他心目中的偶像面对面接触了，那是他多年来所期望的一刻。他大大方方地走到这位大明星的跟前，朗声说道："布朗先生，我是你最忠实的球迷！"吉姆·布朗和气地向他说了声谢谢。这个小男孩接着又说道："布朗先生，你晓得一件事吗？"吉姆转过头来问道："小朋友，请问是什么事呢？"男孩自豪地说道："我记得你所创下的每一项纪录，每一次的达阵。"吉姆·布朗十分开心地笑了，然后说道："真不简单。"这时小男孩挺了挺胸膛，眼睛闪烁着快乐的光芒，充满自信地说道："布朗先生，有一天我要打破你所创下的每一项纪录。"

听完小男孩的话，这位美式橄榄球明星微笑地对他说道："好大的口气，孩子，你叫什么名字？"小男孩得意地笑了，说："奥伦索，先生，我的名字叫奥伦索·辛普森，大家都管我叫 O．J．。"

奥伦索·辛普森日后的确如他少年时所言，他克服了先天因素给他造成的最大障碍，在美式橄榄球场上打破了吉姆·布朗所创下的所有纪录，同时更创下一些新的纪录。

为何目标能激发出令人难以置信的潜力，改写一个人的命运？又何以目标能够使一个行走不便的人成为传奇人物？要想把看不见的梦想变成看得见的事实，首先要做的事便是制定目标，这是人生中一切成功的开始。目标会引导你的一切想法，而你的想法便决定了你的人生。

设定目标有一个重要的原则，那就是它要有足够的难度，乍看之下似乎不容易实现，可是它又要对你有足够的吸引力，愿意全心全力去完成。当我们有了这个令人心动的目标，若再加上必然能够达成的信念，那么就可以说是成功了一半。

目标的制定过程跟你用眼睛看东西的过程有很多雷同之处。当你的目光越是接近要看的目标，就越会注意地看，不仅是目标本身，且包括它周围的其他东西。

目标可以吸引我们的注意，引导我们努力的方向，至于最后是成功或是失败，就全看我们是否能始终走在正确的方向上了。

成功者和失败者之间最大的区别，就在于是否能够明确目标。目标直接决定着你成功与否，并为你的人生赋予了许多重大的意义。

❖ 牢记制定目标的六大原则

没有目标的人生是无聊、可悲的。不过，有了目标但导向错误或者不切实际，也难以体现一个人的人生价值。所以，对于人生目标的确立，我们真的需要好好琢磨，这并不是说立就立的问题。

在生活中，我们要树立明确的目标，投入实际的行动，才能获得成就感和满足感。并且，由于你的欲望和需要处于不断的变化之中，有些目标将会实现，而有些目标将不再对你有吸引力，因此你必须经常反省自己的欲望，修订自己的目标，并培养出强烈的动机和热情，朝你心中向往的那个方向前进。这是你自己对自己的挑战，与其他任何人都无关。

为了制定适宜的目标，我们应该遵循以下基本原则：

1. 目标的明确性

有些人也有自己奋斗的目标，但是他的目标是模糊的、泛泛的、不具体的，因而也是难以把握的，这样的目标同没有差不多。

比如，一个人在青少年时期确定了要做一个科学家的目标，但科学的门类很多，究竟要做哪一个学科的科学家，确定目标的人并不是很清楚，因而也就难以把握。

目标不明确，行动起来也就有很大的盲目性。

2. 目标的可行性

生活中有不少人，有些甚至是相当出色的人，就是由于确立的目标不明确、不具体而一事无成。

一个人确立奋斗的目标，一定要根据自己的实际情况来确定，要能够发挥自己的长处。

如果目标不切实际，与自己的自身条件相去甚远，那就不可能达到。为一个不可能达到的目标而花费精力，同浪费生命没有什么两样。

为了制定切实的目标，最重要的就是分清欲望和需要。

我们通常把欲望和需要混为一谈，以致我们看不到真正本质性的东西。由于这种混淆容易扭曲我们对成功的界定，因此我们必须把真正需要的事物与那些我们不需要但仅仅是欲望对象的事物区别开来，这是很重要的。

就像柏拉图所说的那样："在奢侈品不被需要、必需品也成为多余时，人生是最幸福的。"为了感受到真正的成功，我们都必须满足自己基本的需要。然后，我们继续努力去实现这些最终欲望或得到奢侈品，但它们不是幸福的真正基础。如果我们不首先满足身体的需要而去追求欲望，我们就有可能置自己于悲惨的境地。

有一个年轻人，他经常确立那些超越自身承受极限的目标。他宣称："我必须为自己确立目标，否则我没有成就感。"第一天，他强迫自己跑两英里。第二天，他跑了三英里。在两周内，他跑步的距离达到七英里。在第四周，他拉伤了韧带，三个月不能跑步。在他的其余爱好、工作中，这个模式也在不断重复着。作为一个汽车推销商，他习惯性地为自己制定不可企及的目标，因而他的目标常常落空。这使他感到万分沮丧，对家人、朋友动辄发火。那些目标让他筋疲力尽，因为它们是根据欲望而非需要制定的。

这个年轻人如果不再用距离和速度来衡量自己的表现，他就会发现自己对体育运动更感兴趣，更少受伤，对坚持锻炼计划也更有热情。如果他把同样的原则应用于工作，他就会发现适度的成就目标使他有更多的成功机会。

3. 目标的专一性

一个人确定的目标要专一，而不能经常变换不定。

确立目标之前需要做深入细致的思考，要权衡各种利弊，考虑各种内外因素，从众多可供选择的目标中确立一个。

一个人在某一个时期或一生中一般只能确立一个主要目标，目标过多会使人无所适从。有一位房产商人，居然记不清自己手头到底有多少宗交易。他先是做一座建筑物的生意，接着增加到两座，后来信用更大了，终于扩展到别的业务。他回忆说："刺激得很，我在试验自己的极限。"

有一天，银行来了通知，说他扩张过度，冒了太大风险，并停止给他信贷。这位奇才于是失败了。

起初他怨天尤人，埋怨银行，埋怨经济环境，埋怨职员。最后他说："我明白我没有量力而为，结果欲速则不达。"

4. 目标的具体性

确定目标不能太宽泛，而应该确定在一个具体的点上。如同用放大镜聚集阳光使一张纸燃烧，要把焦距对准纸片才能点燃。如果不停地移动放大镜，或者对不准焦距，都不能使纸片燃烧。

这也同建造一座大楼一样，图纸设计不能只是个大概样子，或者含糊不清，而必须在面积、结构、样式等方面都是特定和具体的。目标应该用具体的细节反映出来，否则就显得过于笼统而无法付诸实施。

5. 目标的长期性

一个人要取得巨大的成功，就要确立长期的目标，要有长期作战的思想和心理准备。任何事物的发展都不是一帆风顺的，世界上没有一蹴而就的事情。

正所谓："有志者，立长志；无志者，常立志。"

有了长期的目标，就不怕暂时的挫折，也不会因为前进中有困难就畏缩不前。许多事情，不是一朝一夕就能做到的，需要持之以恒的精神。

6. 目标的长远性

目标有大小之分，这里讲的主要是有重大价值的目标。只有远大的目标，才会有崇高的意义，才能激起一个人心中的渴望。

一个人确定的目标越远大，他取得的成就就越大。

远大的目标总是与远大的理想紧密结合在一起的，那些改变了历史面貌的伟人们，都确立了远大的目标，目标激励着他们时刻都在为理想而奋斗，结果他们成了名垂千古的伟人。

❖ 从最易实现的目标做起

如果卢浮宫失火，而你只能抢救出一幅画，你会选择哪一幅？——这是法国一家知名报纸面向公众发表的有奖竞答题。对此，人们各抒己见，绝大多数人认为，应该抢救达·芬奇的《蒙娜丽莎》。毋庸置疑，这些人是在抢救自己认为最有价值的那幅画。

然而，著名作家贝纳尔却给出了一个与众不同的答案——"我抢救距门口最近的那幅画"……是啊，在熊熊火海之中，要找到最有价值的那幅画谈何容易？也许尚未成功，我们便真的"成仁"了。退一步说，即便自己可以全身而退，但谁又能保证那幅画的"生命安全"呢？相对而言，距门口最近的那幅画，虽然未必最有价值，但抢救它绝对是最有把握的。

再回首不难发现，其实在人生旅途之中，我们常常会犯下"绝大多数人"的错误。我们壮志满怀、激情澎湃，却往往忽略了目标现阶段的可行性，最终只是徒费精力，事倍而功半。

捷克有一位名叫齐克的年轻人，他在 18 岁时，已与同伴一起登上了堪称"欧洲第一高峰"的"勃朗峰"。此后，他们毫不停歇，先后登上 9 座海拔在 4000 米以上的欧洲高峰。此时，欧洲已经不能满足他们的攀登欲望，于是，这群小伙子将目标锁定在了世界第一高峰——珠穆朗玛峰之上。

攀登珠穆朗玛峰要走很多程序，首先要有签证，其次还要到相关部门申请批文，而且审核人员对登山运动员的条件要求也相当"苛刻"。于是，齐克只得向自己的父亲——一位国际登山者协会的常务理事求助。他在信中对父亲说道："身为一名登山运动员，若没有征服珠穆朗玛峰，就永远不能说是成功。"

不久，父亲即回信给齐克，他在信中讲述了"贝纳尔巧答卢浮宫失火竞猜题"的故事。看着父亲的回信，齐克沉思良久，他体会到了父亲的良苦用心。父亲是想提醒他——获得成功的最佳目标，不一定是最有价值的那个，而是最容易实现的那个。

在经过理智、客观的分析以后，齐克不得不承认，以他们现有的装备和素质要去征服珠峰，确实是激情大于实力，失望大于希望。既如此，与其徒劳无功，不如脚踏实地地从最容易实现的目标开始。于是，齐克对其他三名队友说道："一口气吞不下个胖子，现在我们不一定非要一步登天，不如先尝试征服乞力马扎罗山。"

对此，三个队友嗤之以鼻，他们鄙视齐克，认为他"胆小鬼"、"鼠目寸光"、"胸无大志"。结果，大家始终没有达成共识，最终不欢而散、各奔东西。

在此后几年的时间里，齐克一直谨遵父亲教导，以自身实力为标准，从最容易实现的目标开始。他先后登上了海拔 5890 余米及 6600 余米的乞力马扎罗山和盐泉峰，凭借不俗的成绩，被国际登山者协会吸纳为理事会员，并受到捷克国家登山队邀请，担任副教练一职。

2008 年初，齐克再一次打破了自己的成绩，他在不配备后援人员的情况下，成功征服了世界第七高峰——海拔 8172 米的道拉吉里峰。

归家后，齐克随手拿起放在桌上的报纸，报纸上大幅刊载着有关他此次登山的图文报道。齐克对此早已司空见惯，但是《捷克探险报》上的一则消息却令他顿时呆若木鸡——"在齐克征服道拉吉里峰的同时，另三名登山队员，在珠穆朗玛峰海拔 8300 米处失足坠崖，不幸罹难，他们的名字是……"他们，正是齐克以前的三名队友……

2008 年 6 月，齐克迎来了他实现梦想的日子。他来到珠穆朗玛峰脚下，凭借多年来积累的娴熟技巧及丰富经验，一步步攀到了海拔 8844.43 米处。傲立在珠峰之上，齐克感慨万千，此时他不禁想起了葬身峰底的队友——他一度是他们眼中的"胆小鬼"，是"鼠目寸光"、"胸无大志"的人，但今天，他却站在了他们所未能达到的高度之上。

人生与登山无异，你作出怎样的选择，或是放下哪些东西，都会直接影响你的一生。正所谓"塞翁失马，焉知非福"，如果你一直将目光锁定在最高目标上，企图一步登顶，往往会适得其反，最终折戟沉沙、万劫不复。

先去抢救离门口最近的那幅画，从最易实现的目标做起，由浅入深，一路探索、一路攀登、一路追逐，总有一天你会达到自己心目中的高度。这时你就会明白——唯有顺理才能成章。

❖ 给目标分段，一步一步去实现

有的人做事之所以会半途而废，不是因为觉得此事难度较大，而是觉得成功离自己较远。确切地说，我们不是因为失败而放弃，而是因为倦怠而失败。将大目标进行分解、分段完成，在不知不觉中我们就已接近终点。而不能像蜗牛一样漫无目的地爬行。

1984 年，在东京国际马拉松邀请赛中，名不见经传的日本选手山田本一出人意外地夺得了世界冠军。当记者问他凭什么取得如此惊人的成绩时，他说："凭智慧战胜对手。"两年后，他又在米兰获得了意大利国际马拉松邀请赛冠军。当记者又请他谈经验时，他说了同样的话。人们对他的所谓智慧迷惑不解。

当人们翻开他的自传时谜底才得以揭晓："每次比赛之前，我都要乘车把比赛的线路仔细地看一遍，并把沿途比较醒目的标志画下来，比如第一个标志是银行；第二个标志是一棵大树；第三个标志是一座红房子……这样一直画到赛程的终点。比赛开始后，我就以百米的速度奋力地向第一个目标冲去。等到达第一个目标后，我又以同样的速度向第二个目标冲去。40 多公里的赛程，就被我分解成这么几个小目标轻松地跑完了。"

我们无法一下子完成我们的大目标，只能一步步走向成功。所谓优良的计划，就是自行确定的每个月的配额或清单。

如果你要提高你的效率，请你利用下面的"30天的改善计划"来自我衡量一下。你可以在标题之下填入你一个月以内必须做到的事情，一个月以后再检查一下进度，并重新设立新的目标。请你经常留意那些小事，以便充实你承担大事的条件与实力。就这样不断地增强自己的实力，你的大目标一定可以实现。

坚定的决心是别的东西无法代替的。下决心将你的计划坚持到底，不要理会障碍、批评，或不利环境，或别人会怎样想、怎样说、怎样做。以不懈的努力、专注和集中的力量来筑起自己的决心。机会不会落在等待者的头上，只有敢于出击的人，才能抓住机会。而成功出击的能力取决于规划制定及实现目标的能力。正如牧师兼演说家罗伯特·H. 舒勒所说："目标绝对重要，不但调动我们的积极性，而且维持我们的人生。"

今天就开始制定目标，规划未来的航向。罗伯特·F. 梅杰说："如果你没有明确的目的地，你很可能走到不想去的地方去。"尽一切能力实现自己的理想，不要走到不想去的地方去。

分段制定目标的几个步骤是：

1. 把你确定自己人生理想时写下的东西重读一遍

以这个理想为基础，写出一份陈述。要写得简单，但要包括你想做的一切。这是你必须记住的，写的时候一定要包括以下几点：

①你人生活动的重点是什么。

②你为什么想做这些事情。

③你打算怎样做到这些事情。

写好了目的陈述之后，在最初几周每天看一次，看看这份陈述是否准确代表你的人生目标。

2. 花几个钟头的时间定出你的目标

从人生的总体目标开始，找到实现人生目标所必须达到的主要目标，你大概会想出 2 ~ 10 个目标。同样要花点时间从头看一遍这些人生目标，看看你是否真的觉得它们很重要。

3. 花一个钟头的时间阅读一遍每一条人生目标

把一个人生目标分解成几个必须达到的中长期目标，再把每个中长期目标分解成几个小的中短期目标，然后把中短期目标分解成每天、每周、每月可以执行的任务。这些活动将为你描绘成功的蓝图。

这样处理过每个人生目标之后，你就会懂得要成功就必须做什么，把每天、每周、每月的活动组织一下。

4. 评估你的目标

确定你的目标是否现实，弄清哪几个目标是需要与别人合作才能达到的。记下需要别人帮助的目标，以及可能给你提供帮助的人（记住要挑选跟你有类似目标及理想的人）。

5. 在别人的帮助下实现自己的目标

聪明人不会让自己的目标看起来像一座座压得人喘不过气来的大山，他们把自己的目标分段，逐个地攻克每一个堡垒。当别人气喘吁吁地跑到终点时，也许他们早已经轻松地在终点休息了。

❖ 运用合适的方法完成目标

我们有目标，还应该有方法去实现目标。因为人与人的不同，所以，不同的人也应该有各自不同的方法去实现目标。所谓不同的方法，就是指适合你自己的，并且是行之有效的方法。可以模仿，但不可以照搬别人的方法。

迈尔顿 16 岁的时候，暑假期间，他对爸爸说："爸爸，我不愿整个夏天都向你伸手要钱，我要找个工作。"

他父亲从震惊中恢复过来之后对迈尔顿说："好啊，迈尔顿，我会想办法给你找个工作，但是恐怕不容易。"

"你没有弄清我的意思，我并不是要您给我找个工作，我要自己来找。还有，请不要那么消极，有些人总是可以找到工作的。"

"哪些人？"父亲带着怀疑问。

"那些会动脑筋的人。"儿子回答说。

迈尔顿在"事求人"广告栏上仔细寻找，找到了一个很适合他专长的工作，广告上说找工作的人要在第二天早上 8 点钟到达 42 街一个地方。迈尔顿并没有等到 8 点钟，而在 7 点 45 分就到了那儿。他看到已经有 20 个男孩排在那里，他是队伍中的第 21 名。

怎样才能引起特别注意而竞争成功呢？这是他的问题。他应该怎样处理这个问题？根据迈尔顿所说，只有一件事可做——动脑筋思考。因此他进入了那最令人痛苦也最令人快乐的程序——思考。在真正思考的时候，总是会想出办法的，迈尔顿就想出了一个办法。他拿出一张纸，在上面写了一句话，然后折得整整齐齐，走向秘书小姐，恭敬地对她说："小姐，请你马上把这张纸条转交给你的老板，这非常重要。"

秘书是一个聪明人，如果他是个普通的男孩，她可能就会说："算了吧，小伙子。你回到队伍的第 21 个位子上等吧。"但是他不是普通的男孩，她凭直觉感到，他散发出高级职员的气质。她收下了纸条。

"好啊！"她说，"让我来看看这张纸条。"她看了不禁笑了起来。她立刻站起来，走进老板的办公室，把纸条放在老板的桌上。老板看了也大声笑了起来，因为纸条上写着：

"先生：我排在队伍中第21位，在你没有看到我之前，请不要作决定。"

迈尔顿得到了那份工作。

在追求成功的道路上，不仅要知道努力，还要讲究方法，把动脑和勤奋结合起来，知道怎样努力才能取得最佳效果。

这就很好地解释了这样一个现象——为什么有人成功？有人失败？这其实是一个"说简单也简单，说复杂也复杂"的问题。

有一位颇有成就的励志专家曾讲过这样一个故事：

那天我的一位朋友来看我，他父亲是我在内地的同事，曾在我任教的学校和我在同一间宿舍里生活了一年。他初中文化，工作后因工伤断了一根手指，20多岁就开始病退在家。我正式调来深圳后，帮他在单位找了一份保安工作，但他干了不到三个月就辞职了，从此我们失去了联系。

没想到过了六七年他会来看我，我很高兴。他告诉我他在内地一家房地产公司做老总，我听了差点吓得跌个跟头。他说他辞掉保安工作后就去一家地产公司做销售员，由于工作努力，业绩突出，不久就被提升为销售部负责人。他们公司的主项是与大学合建教师楼。他发现现在大学教师收入很高，而教师宿舍都是一些很老旧的房子，教师又不愿意离开校园生活，因此都想在学校附近买商品房。

刚好他叔叔在内地开了家房地产公司，他认为当地的房价在全国大城市中是最低的之一，他决定回内地发展。他给他叔叔详谈了他的全套想法，他叔叔很赞同，决定让他负责大学城的开发。

果然大学城销售很好，引起了轰动。他说，有的顾客上午来看房，到了下午就又涨价了。

因此不少大学纷纷找他们公司合作，业务量突飞猛涨。后来他叔叔干脆将公司的主项转到了大学城的开发，并任命他为总经理。

他的成长让我感叹了许久，从他身上我发现，成功者其实跟我们一样地普通，他们之所以成功，只是因为他们运用了正确的方法。

记得读初二时，学校举办背英语单词竞赛，我考得很差，但同桌却是全年级第一名，那时我也认为是自己记忆力不好。后来同桌告诉了我他记单词的方法，将单词分类，将加了后缀和相近的单词归类在一起，每天上学、放学的路上，就在心里默默记诵。我采用了他的方法，并按自己的习惯将单词重新分类，不仅上学、放学路上记，临睡前也在心里默默地记一遍，结果到了初三，在学校的背单词竞赛中，我就成了第一名。

这个体会让我知道，成功者运用的方法，我也一样可以学到，也一样可以运用去取得成功。

生理学家经研究指出，人的神经系统大致相同，"成功者"当然也不例外。既然大致相同，那别人能做到的，我们为什么不能做到呢？

成功者只是运用了正确的方法去实现目标，而他们的方法我们一样可以学到，一样可以运用到生活中，帮助自己取得成功。因此说，注意向成功者学习，掌握向这个社会"进击"的正确方法和技巧，无疑是获取成功的捷径。

成功者用几十年摸索出来的路，我们没必要再用几十年去摸索，我们只要从他们那里学习过来就行了。就像你要去别人家里，最快的方法当然是让他带你去，因为他最熟悉这条路了。所以不论你从事什么行业的工作，进步最快的方法，就是去找你这一行业的最优秀者，向他学习。

多见世面，增长见识，去跟最优秀的人接触、交谈，就是提升自己的捷径。

现在年轻人择业往往考虑的是企业的规模和薪金的高低，这是目光短浅的做法。其实年轻人的路还很长，目前最重要的就是学习，取得经验，掌握长远"作战"的方法技巧。因此，首先要考虑的应该是在这里能学到些什么，对自己未来的发展有什么帮助，这才是有长远眼光，而不是暂时的工作的稳定性和收入的高低。

在体育界，大家都知道教练的作用非常重要。美国 NBA 的湖人队很长一段时间都没拿过冠军了，但请了曾多次带领公牛队夺冠的杰克逊当教练后，队员并没有变，湖人队当年就取得了 NBA 的总冠军。

运动队需要教练，教练的作用很重要；其实人生也需要教练，教练的作用也同样重要。我们的人生教练就是那些成功者、教师和一些好的书以及我们周围的所有能帮助到我们的人。因为他们能提供最快捷、最正确的成功技巧，让我们尽可能地掌握人生战场的制胜兵法。

❖ 学会像成功人士一样思考

我们应该是自己思想的主宰者，持有应对任何境遇的钥匙。我们能否掌握成功的关键，就在于我们能否用积极的想法主宰自己。我们既可以错误地滥用思想，放纵自己，摧毁自己，最终堕落，也可以正确地选择思想并付诸实践，从而达到神圣完美的境界，收获硕果累累的明天。只要下定决心，认真去做，我们完全可以实现自己的愿望，使自己成为自己想成为的那种人。

想法与前途密切相关，一个人只有拥有良好的想法才能无惧生活中的困难挑战，始终坚定地为自己的理想而努力，也只有这样的人才能拥有美好的前途。

这又是一个真实的故事，可能就发生在你身边。

1970 年 7 月，高欣出生于一个普通工人家庭。高考落榜，就进了一所职业高中读酒店管理专业，可眼看即将毕业，又因打架被学校开除。高欣的母亲非常失望，当面追问他："明年的今天你干什么？"

1988 年，高欣离开学校，开始闯荡社会。卖过菜、烤过羊肉串……他慢慢明白了生活的艰辛。1989 年 4 月，一家饭店公开招人，这是当地最高档的五星级酒店之一。

1991 年秋天，香港富商李嘉诚下榻该饭店，高欣给李嘉诚拎包。饭店举行了一个隆重的欢迎仪式，一大群人前呼后拥着李嘉诚，他走在人群的最后一位。他清楚地记得那两只箱子特别重，人们簇拥着李嘉诚越走越快，他远远地被抛在了后面，气喘吁吁地将行李送到房间，人家随手给了他几块钱的小费。身为最下层的行李员，服务的是最尊贵的客人，稍微敏感点儿的心，都能感受到反差和刺激。高欣既羡慕又妒忌，但更多的是受到激励。"我就想看看，是什么样的人住这么好的饭店，为什么他们会住这么好的饭店，我为什么不能？那些成功人士的气质和风度，深深地吸引着我，我告诉自己，必须成功。"

1991 年 11 月，高欣做了门童。门童往往是那些外国人来饭店认识的第一个中国人，他们常问高欣周围有什么好馆子，高欣把他们支到饭店隔壁的一家中餐馆。每个月，高欣都能给这家餐馆介绍过去两三万元的生意。餐馆的经理看上了高欣，请他过来当经理助理，月薪800元，而高欣在饭店的总收入有3000多元，但他仍然毫不犹豫地选择了这份兼职。他看中的并非800元的薪水，而是想给自己一个机会。

为了这份兼职，高欣主动要求上夜班。但仅过了4个月，高欣的身体和精神都有些顶不住了。他知道鱼和熊掌不能兼得，他必须作出选择。

高欣在父母不解的眼光和叹息中辞职，进了隔壁的餐馆，做一月才拿800块工资的经理助理。可事情并没有像当初想象的那么顺利，经理助理只干了5个月，高欣就失业了，餐馆的上级主管把餐馆转卖给了别人。

闲在家里，高欣不愿听家人的埋怨，经常出门看朋友、同学和老师。一天，他去看幼儿园的一位老师。老师向他诉苦："我们包出去的小饭馆，换了4个老板都赔钱，现在的老板也不想干了。"高欣眼中一亮，忙不迭地说："怎么会不挣钱？那把它包给我吧。"于是，高欣用1000元起家，办起了饺子馆。

来吃饺子的人一天比一天多，最多的时候，一天营业额超过了5000块钱。为了进一步提高工作人员的积极性，高欣想出了一招，将每个星期六的营业额全部拿出来，当场分给大家。这样一来，大家每周有薪水，多的时候每月能拿到4000元，热情都很高。一年下来，高欣自己挣了10多万元。

高欣初获成功，他又寻思着更大的发展。1993年1月，他在火车站开了一家饺子分店。一个客人在上车前对他说："哥们儿，不瞒您说，好长时间以来，今天在这儿吃的是第一顿饱饭。"当时高欣就想，为什么吃海鲜的人，宁愿去吃一顿家家都能做、打小就吃的饺子呢？川式的、粤式的、东北的、淮扬的，还有外国的，各种风味的菜都风光过一时，可最后常听人说的却是"真想吃我妈做的××粥，烙的××饼"。人在小时候的经历会给人的一生留下深刻印象，吃也不例外。

一有这样的想法，他就着手实施，随即他终于领悟到了自己要开什么样的饭馆了。他要把饺子啦、炸酱面啦、烙饼啦，这些好吃的、别人想吃的东西搁在一家店里，他要开家大一些的饭店。

他以每年10万元的租金包下了一个院子，在院里拴了几只鹅，从农村搜罗来了篱笆、井绳、辘轳、风车、风箱之类的东西，还砌了口灶。"大杂院餐厅"开张营业了。开业后的红火劲儿，是高欣始料不及的，高欣觉得成功来得太快了。300多平方米的大杂院只有100多个座位，来吃饭的人常常要在门口排队，等着发号，有时发的号有70多个，要等上很长一段时间才有空位子。大杂院不光吸引来了平头百姓，有头有脸的人也慕名而来。

后来，大杂院的红火已可用日进斗金来形容。每天从中午到深夜，客人没有断过，一天的营业流水在10万元以上。3年下来，有人估算，高欣挣了1000万元。

想法决定一个人的活法。天是同一个天，地是同一个地，一样的政策，甚至一样的学历，一样的班级，一样的年纪，为什么有些人可以月赚万元乃至数十万元，有些人却只能维持温饱？许多人百思不得其解，总是认为自己运气不佳。其实金钱来源于头脑，财富只会往有头脑的人的口袋里钻，正所谓"脑袋空空，口袋空空；脑袋转转，口袋满满"。人与人的最大差别是脖子以上的部分。

有人长期走入赚钱的误区，一想到赚钱就想到开工厂、开店铺，这一想法不突破，就抓不住许多在他看来不可能的新机遇。真正想一想，成功与失败，只不过是一念之差。

1. 成功人士相信获得财富靠规律，失败者相信获得财富靠运气

成功人士相信今天穷富与否都由自己创造，一定有规律，而当他找到这一规律时，他就能够不断地复制财富。而失败者相信财富靠运气，所以他们的思维模式经常是找借口、抱怨、怨天尤人、否认一切，却从来没有反省自己有什么问题。

2. 成功人士看到的是机会，失败者看到的是困难

在创造财富的过程中，大家可能会遇到问题、挫折、挑战、磨难，甚至打击，成功人士想的是全力以赴采取行动创造财富，所以他们在这个过程当中看到的永远是机会。失败者也天天想赚钱，但当他看到机会的时候，习惯性思维首先想到的是困难，结果就不敢去闯了，说"算了，我放弃吧，风险太大了，再换下一个"，养成的是放弃的习惯。

3. 成功人士相信"我大过问题"，失败者觉得"问题大过我"

在创业的过程中，没有人不会遇到困难，没有人不会遇到挑战。成功人士成功不是因为他们命好，不是他们遇到的问题少，而是他们有一个坚定的信念，告诉自己"我大过问题"，一定能够找到解决问题的方法和策略。可是失败者遇到困难就缩手缩脚，就放弃了，就讲一些消极的话："这个很难；这个不可以；这个做不到；我真的没办法去解决它；这个不是我能做的……"总是觉得问题大过我。

4. 成功人士看到的是"价值"，失败者希望得到的是"免费"

成功人士经常向成功的人学习，甚至付费来获得宝贵经验，因为他们想到的是"价值"。当然失败者也会向别人请教，但他们经常问的都是跟他同一格局的人，比如父母、同学、同事等，虽然这些人提供的信息都不需要向他收费，但又能有多少超高价值呢？所以，失败者的收入是经常和他在一起的 5 个人的平均值。

5. 成功人士想的是"赢大"，失败者想的是"输小"

如果你的人生是以"赢"为主，是以"赢更多"为目的，那么你的想法、策略、信念、状态就是积极向上的。如果你是想"不输"，你的生活大部分都会徘徊在盈亏线上。"在这个世界上真正的风险就是不敢冒任何风险"。在成功人士的观念中，风险越高，回报也越高，如果有30%的把握，那就不妨拼一下；而失败者想的是千万不能输，要输的话尽量少输一点，不然他生活就没办法，这样想就把自己束缚住了，机会来了犹犹豫豫，反而容易失去，容易亏损。

6. 成功人士热爱并善于销售和宣传，失败者讨厌销售和宣传

如果你跟有些人说某某销售工作多么棒，失败者的思维就会想：神经病，我才不去呢！太丢脸，那是没本事的人干的。可是成功人士却热爱销售，喜欢销售，乐意跟人打交道，愿意把自己的产品跟别人分享。其实宣传和销售是非常有用的，再伟大的产品，再伟大的点子，再伟大的理念，没有销售，没有宣传，谁又知道呢？

7. 成功人士以结果为导向、乐意付出，失败者以时间为导向，又不能合理安排时间

成功人士愿意付出，愿意贡献，并且懂得接收，他很乐意接受成功，接收困难，接收挑战。同时他也乐意付出，就像氧气吸进来，也要呼出去一样，这样财富才能流动。就像比尔·盖茨已经把自己财富的99%捐给了自己的基金会。其实捐得越多，赚的就越多；付出得更多，得到的就更多。可是失败者的生活模式是以时间为导向，也就是说他打工一天8个小时，下班了，就结束了，整天考虑的是如何打发时间，他们不知道这些时间能为他做什么，不知道能为他创造什么。

8. 成功人士让金钱努力地为自己工作，失败者让自己努力地为金钱工作

成功人士赚钱都不辛苦，因为他们用钱赚钱。而大部分人拼命为钱干活，今天加班，明天加点，也是想得到更多的财富，可还是赚钱效率不高。也就是说，成功人士努力想法儿让金钱为他们创造财富，而失败者努力想法儿拼命干活创造财富。如果我们今天为钱努力地工作，那么就要花费很长时间才能获得自由。可是让钱为我们努力工作，我们就能更轻松地获得财务自由、时间自由和生活方式的自由。

有句话说得好："想法不对，努力白费"，可见，想法比努力更重要！今天的市场经济，大鱼吃小鱼，更是快鱼吃慢鱼，是观念的更新，是想法的变革，是头脑的竞赛。我们想要改变今天的局面，首先就要改变想法，学习成功人士的赚钱想法。

❖ 在忍耐中学会等待，在等待中迎来成功

一个自幼生活在非洲、从未出过远门的年轻人，为了实现自己的梦想，一路步行来到美国，这份毅力简直不输于狼。

勒格森·卡伊拉，当时他只有十六七岁，带着五天的粮食、两本书、一把用于防身的小斧头、一块毯子，从家乡尼亚萨兰（今马拉维）向北穿过东非荒原到达开罗，在那儿他可以乘船到美国，开始他的大学教育。

勒格森的旅程源自于一个梦想——他希望能像心目中的英雄亚伯拉罕·林肯、布克·T. 华盛顿那样，为他自己和自己的种族带

来尊严和希望；能像心目中的英雄一样，为全人类服务。不过，要想实现这个目标，他必须去接受最好的教育，他知道那必须要前往美国。

他未曾想过自己身无分文，也没有任何的办法支付船票费。

他未曾想过要上哪所大学，也不知道自己会不会被大学所接受。

他未曾想过这一去便要走 3000 英里之遥，途经上百部落，说着 50 多种语言，而他，对此一窍不通。

他什么都未多想，只是带着自己的梦想出发了。在崎岖的非洲大地上，艰难跋涉了整整 5 天，勒格森仅仅行进了 25 英里。食物吃光了，水也所剩无几，他身无分文。要继续完成后面的 2975 英里似乎不可能了。但他知道，回头就是放弃，就是要重归贫穷和无知。他暗暗发誓：不到美国我誓不罢休，除非我死了。

他大多时候都席天幕地，他依靠野果和植物维生，艰难的旅途生活使他变得又瘦又弱。

一次，他发了高烧，幸亏好心人用草药为他治疗，才不致有生命危险。这时的勒格森几欲放弃，他甚至说："回家也许会比继续这似乎愚蠢的旅途和冒险更好一些。"但他并没有这样做。

2 年以后，他走了近 1000 英里，到达了乌干达首都坎帕拉。此时，他的身体也在磨炼中逐渐强壮起来，他学会了更明智的求生方法。他在坎帕拉待了 6 个月，一边干点零活，一边在图书馆贪婪地汲取知识。

在图书馆中，他找到一本关于美国大学的指南书。其中一张插图深深吸引了他。那是群山环绕的"斯卡吉特峡谷学院"，他立即给学院写信，述说自己的境况，并向学院申请奖学金。斯卡吉特学院被这个年轻人的决心和毅力感动了，他们接受了他的申请，并向他提供奖学金及一份工作，其酬劳足够支付他上学期间的食宿费用。

勒格森朝着自己的理想迈进了一大步，但更多的困难仍阻挡着他。

要去美国，勒格森必须办下护照和签证，还需证明他拥有可往返美国的费用。勒格森只好再次拿起笔，给童年时教导过自己的传教士写了封求助信，护照问题解决了。可是勒格森还是缺少领取签证所必须拥有的那笔航空费用。但他并没有灰心，他继续向开罗行进，他相信困难总有办法解决。他花光了所有积蓄买来一双新鞋，以使自己不至于光着脚走进学院大门。

正所谓"苦心人，天不负"，几个月以后，他的事迹在非洲以及华盛顿佛农山区传得沸沸扬扬，人们被他这种坚毅的精神感动了，他们给勒格森寄来650美元，用以支付他来美国的费用。那一刻，格勒森疲惫地跪在了地上……

经过两年多的艰苦跋涉，勒格森终于如愿进入了美国的高等学府，仅带着两本书的他骄傲地跨进了学院高耸的大门。

故事到这里还没有结束，毕业后的勒格森并没有停止自己的奋斗。他继续深造，最后成为英国剑桥大学的一名权威学者。

换作是你，能做得到吗？从遥远且交通不发达的非洲一路艰辛跋涉、风餐露宿、食不果腹，完全是凭着毅力实现了梦想。倘若人人都有这种精神，世界上还有什么事情能够难倒我们？正所谓"性格决定命运"，每个人的性格对成就自己一生的事业都是相当重要的，性格坚强者会无所畏惧地去做艰难之事；胆怯者只能一步一步避开困难，让自己畏缩在"鸟语花香"之中。这些性格的差异，直接导致成功或失败。

有人总将别人的成功归咎于运气。诚然，是有那么一点点运气的成分，但运气这东西并不可靠，你见过哪一个英雄是完全依靠运气成功的？而执着，却能使成功成为必然！执着，就是要我们在确立合理目标以后，无论出现多少变故、无论面对多少艰难险阻，都不为所动，朝着自己的目标坚定不移地走下去。一个人若想好好地生存，就需要这种忍耐与坚持。

这个世界虽然瞬息万变，但"弱肉强食"的定律永远不会变，你不强，就只能被淘汰，没有人能够例外！想要变强，你就要像狼一样，牢牢守住目标，用尽所能办成你想要办成的事。

这不单单只是一种想法，你必须要将其付之于行动。在接近目标的过程中，你要有"千里追捕"的毅力与耐性，才能最终将"猎物"纳入囊中。否则，想法也就只是一种想法而已。

正如马云所说的那样："在追求成功的道路上，每一分钟我们都有可能遇到困难。也许今天很残酷，而明天更残酷，但后天则会很美好，而许多人却在明天晚上选择了放弃，所以看不到后天的太阳。容易放弃的人是得不到最后的阳光的。""骐骥一跃，不能十步；驽马十驾，功在不舍。"成功绝非一蹴而就的事情，关键在于你能否持之以恒。当困难阻碍你前进的脚步之时、当打击挫伤你进取的雄心之时、当压力令你不堪重负之时，莫要退避、莫要放弃、莫要驻足不前，而要咬定青山不放松，只有这样你才会如愿以偿地获得认同与成功。

那么，究竟要怎样，我们才能令自己像狼一样地坚忍不拔呢？

首先，你要有足够的自信。认可自己、肯定自己，相信自己的能力。你可以在心里默默地告诉自己：我就是一匹狼，只要是我认定的目标，那就是我的！

其次，不要让别人的意见左右你。狼不会因为其他猛兽的嘶吼而放弃自己的目标，同样，只要你认为自己是对的，你觉得自己的目标是现实的、可行的，那么就不要理会别人的评价。你可以去参考他们的意见，但一定要有自己的主见，别让外界因素束缚你的思想、阻碍你的行动。

若能如此，相信你坚定自己的信念与梦想就不是什么难事。

有道是：天道酬勤！其实，上帝对于每一个人都是公平的，就看你以怎样的态度去接受他的赠与。那些有所成就的人杰，每每提到早年经历的苦难之时，总是抱以一种感谢的态度，他们感谢曾经的苦难，更感谢曾经的坚持，因为正是苦难与坚持成就了他们。

运气这东西人人都会有，但上帝不会告诉你它何时来到，有些人时运来得早一点，相对煎熬就少一点；有些人时运到来得晚一点，经历的苦难也就多一些。但有一点是相同的——要想转运，就必须不断努力，再苦再累也不放弃，再痛再难也要咬紧牙关挺过来，否则运气不会眷顾你。

胸怀大志的人坚定、执着而又乐观，他们从不认为成功可以一蹴而就、手到擒来。他们深知，成功无非是挫折与失败下一次次忍耐与坚持的结果。他们执着于自己的信念，并在实现目标的过程中不断汲取营养、丰富自己。他们淡定而自信，并在坚持中学会忍耐，在忍耐中学会等待，在等待中迎来成功。

关键时刻， 你要有坚持下去的思想

人生在世，总会遇到几个关键时刻，倘若你是一个成熟的人，你就应该懂得在关键时刻沉住气，别让冲动的思维支配你。是的，我们需要理智的思想，冷静以对，只有这样才能更好地保存自己的实力，为自己赢得胜利的机会。倘若这个时候沉不住气半途而废，或是逞一时之勇，宁为玉碎不为瓦全，我们就很难突破不利，达成自己的目的。

❖ 关键时刻，你要有坚持下去的思想

人的想法与前途密切相关，尤其是在关键的时候，我们只有拥有坚持下去的想法才能无惧生活中的困难挑战，始终坚定地为自己的理想而努力，也只有这样的人才能拥有美好的前途。

曾看过这样一则故事。

在一个小县城里，生活着非常聪明的姐弟俩，他们上小学时，因为学习刻苦，所以他们在班里一向都是好学生。但天有不测风云，还没等他们小学毕业，父母之间就出现了感情危机。父母经常吵架，甚至出现了家庭暴力，姐弟俩被吓得不敢回家。后来，父母

离婚了，姐弟俩都被判给了父亲。

不久，父亲就娶回了一个后娘。自从后娘进门，姐弟俩经常被呼来喝去，有时甚至吃不上饭。有一次，后娘让弟弟倒脏水，姐姐看弟弟拎不动水桶就想去帮忙，后娘上去就是一巴掌，把姐姐打倒在地。吃饭时，后娘经常在菜里放很多辣椒，辣得姐弟俩直流眼泪。有一次，天气很冷，姐弟俩放学后一直等到天黑都进不了家门。邻居实在看不下去了，让他俩先到屋里暖和一下，可姐弟俩说什么都不敢去。就是在这种环境下，姐姐学会了和后娘作对，学习成绩也慢慢地滑了下来，大学没考上，只好当了一名工人。而弟弟却一直没有放弃自己的学业，反而更加专心。有一次，父亲把一个橘子放在他的桌子上，他都没有看见。从小学到高中，他的成绩一直都没有下到过第三名，并且一直都是班干部，在班里的人缘也一直很好。高中毕业后他以优异的成绩考入大连舰艇学院，并被保送研究生。读大学期间，他用自己兼职的钱供养生母，还时常寄一些补品给后娘。

同样是一个父母所生，同样生活在家庭不幸的阴影里，姐姐的前途被毁了，弟弟却前途一片光明。原因在哪儿？就在于他们的想法。姐姐在困境中，想法、思想偏向脆弱而易怒；弟弟却能隐忍，始终以一个目标为奋斗方向，把其他的一切都抛在脑后，并且随着年龄的增长，学会了宽容和谅解。

由此可以见得，人的胸怀有多大，前途就有多大。咱们做人，尤其是在前途艰难时，要有一种隐忍、宽容和不断进取的想法，否则你的前途就容易毁在自己手里。

想法上的消极因素占主导地位时，会给一个人的行动造成多大的影响！我们做任何事都应该尽量摒弃这些消极的想法，特别是年轻人，因为社会经验少，更容易为一时挫折、不顺而思想偏激，走向歪路，导致一失足成千古恨。人在年轻的时候正是可以大有作为、前途一片光明的时候，如果你不能很好把握自己的想法，光明的前途就将与你无缘。

❖ 关键时刻，要沉得住气

古往今来，社会上一直就存在着这么一种现象——那些逞一时英雄的人，往往都坚持不到最后。其实面对挫折和困难，我们迎头而上是正确的，但也要记住给自己留住后劲儿。要知道，人生在世总会有那么几个关键时刻，有的时候它关乎我们的未来，甚至还有可能关乎我们的生死。作为一个成熟的人，面对这类问题的时候，我们一定要保持冷静，要克制自己过激的想法，只有这样我们才有可能成为那个笑到最后的成功者。

我们不小了，按说已经可以很好地处理自己的问题了，可人生是有着各种变数的，这就好比脚下的路，时而崎岖，时而平坦。当人生的这条路遭遇瓶颈或者来到了最关键的时刻，我们又该如何作出反应呢？这时候，任何激进的想法都是错误的，任何草率的行动都是不可取的。为了自己今后的命运，我们必须选择沉着，必须多给自己一些时间理清思路，而不是逞一时之气，图一时之快，让这个趋势向着不利于自己的方向发展。常言说得好："一失足成千古恨。""真理再向前踏一步就成了谬误。"这一切的一切都在暗示着我们，做人还是理性点好。

《周易》中有"天行健，君子以自强不息"的话，是说天道运行强健不息，君子也应该积极奋发向上、永不停息才对，面对挫折、打击、磨难，应该是沉着应对，不能被这些困难所压倒。忍受挫折的一种方法是奋发图强，准备东山再起，而不可就此沉沦。

周敬王二十四年，吴王阖闾率大军亲征越国，越王勾践迎战。此战，吴王阖闾大败而归。阖闾在返吴途中，伤重恶化，命殒黄泉。

阖闾死后，太子夫差继位，他终日不忘杀父之仇，并对天盟誓："誓要灭掉越国，为父报仇！"为坚定复仇的决心，夫差派人站于门旁，见到自己就高喊："夫差，你难道忘了杀父之仇吗？"夫差则含泪答道："杀父之仇，不敢忘记！"

为早日复仇，夫差日夜操练兵马，储备粮草，铸造武器。经过三年多的准备，吴国民富兵强，复仇时机已然成熟。周敬王二十七年，夫差遣伍子胥、伯吉为大将，统军30万，直逼越国。

越王勾践不纳范蠡、文种之言，率兵轻进，结果大战之下，越兵死伤无数，胜负已成定局。勾践见大势已去，只好在众臣保护下，仓皇逃跑，吴军势如破竹，穷追不舍，将勾践藏身的会稽山围得水泄不通。勾践束手无策，便向大臣们寻求解困良策，文种说道："如今之计，唯有求和。"勾践叹气道："吴军已获全胜，此时又怎会答应讲和呢？"文种说："吴国的太宰伯嚭，是个贪财好色之徒。只需以重金和美女贿赂于他，求和就大有希望。吴王夫差十分宠信伯嚭，对他言听计从，只要他出面向吴王夫差说几句好话，求和之事，不怕夫差不同意。"

果然，伯嚭收下了美女和珠宝后，便向夫差建议与越国讲和。夫差终未能抗拒住伯嚭的花言巧语，同意了越国的求和，但提出要越王勾践夫妻入吴国做人质。勾践无奈，为求生存，更为了日后的复国大计，只好顺从夫差之意，放下国君的架子，带着王后和大臣范蠡，来到吴国。

入吴以后，勾践将所带珠宝全部送给了夫差及吴国大臣，自己住的是低矮石屋，吃的是糠皮野菜，穿的是难以遮体的粗布衣裳，每天勤勤恳恳地打柴、洗衣、养猪，如奴隶一般，毫无怨言。

每隔一段时间，夫差都要亲自巡视。当他看到勾践一直如此，顾忌之心便逐渐淡化，认为困苦和劳作已经将他们折磨得麻木不仁，不足以谨慎提防。

勾践在困于吴国的两年多中，一直忍辱负重，又不断令人贿赂伯嚭。而伯嚭，在每次收到越国礼物后，都要去夫差面前为勾践说情。日久天长，夫差便也萌生了释放之心。一次，在伯嚭为勾践讲情时，夫差便透露出欲放勾践回国的想法，但此念头被伍子胥一番激词挡了回去。

某日，勾践闻夫差身体有恙，便入见伯嚭请求探望。伯嚭奏请夫差，获准。于是，伯嚭带着勾践来到夫差病榻前。勾践一见夫差，当即伏地而跪，说道："闻大王贵体微恙，不胜焦虑，特奏请前来探望。我略通医术，可为大王诊病，望能得大王允许，以表效忠之心。"

这时，恰逢夫差要大便，勾践等人退出屋外。再次返还时，勾践拿起夫差的粪便，仔细品味，尝后，勾践伏地称贺："大王即将痊愈！我尝大王粪便乃是苦味，这是病情好转的预兆。"

夫差见勾践对自己如此忠心，大受感动，当即表示，病好后就送勾践回国。

勾践回国以后，一方面送出西施等美女迷惑夫差，一方面励精图治、重整旗鼓。他为不忘吴国之耻，夜卧柴薪，吃饭时必先尝苦胆。他与大臣亲自耕作，王后则亲自纺纱织布。在这种激励下，越国迅速恢复元气，勾践终于重振雄风大败夫差，雪了前仇旧恨。

大家想一想，倘若勾践只图一时之快，满脑子都是"兵戎相见、快意恩仇"，他能不能挺过那屈辱的三年？倘若他没有忍下去的想法，向夫差示之以弱、恭谦谨慎，还能不能得到夫差的信任？若是这样，他不仅复国无望，甚至连性命也未必能够保全。

其实人这一辈子，每个人都会遭遇困境，只有常怀隐忍之心，才有可能挺过难关，东山再起，成就大业。无论是示敌以弱，还是韬光养晦，这都是为人处世的深奥哲学。

真的，我们不可能一帆风顺，总会遇到各种各样的困难、挫折，无论是来自自身的，还是来自外界的，都在所难免。能不能忍受一时的不顺利，这就要看你是否有雄心壮志。一个真正想成就一番事业的人，志在高远，不以一时一事的顺利和阻碍为念，也不会为一时的成败所困扰。面对挫折，他们必然会发愤图强、艰苦奋斗，去实现自己的理想，成就功业，这是一种积极的人生态度。

❖ 即使起点低，但想法不能低迷

其实我们有的时候也很痛苦，因为很多事情确实不由我们自己做主。就拿出身来说，一部分人生于物质富裕之家，自幼锦衣玉食。然而，这毕竟只是少数人的待遇，多数情况下我们会降生在一个平凡人家。这样的家境，无法为我们搭建有高度的人生起点，因此我们注定要比那些人多付出几倍甚至是几十倍的努力。当然，你可以去指责上苍的"不公"，但你绝不能怨天尤人、得过且过，将大好的青春白白浪费。

事实上，很多成功人士的人生起点同样很低，但他们能够把这种"不公"转换成动力，在平凡的起点上，铆足劲攀上不平凡的高度。而这些人成功的关键因素，就是他们对于生活的态度以及做人的心态。

　　罗伯特·巴拉尼的故事就是一个活生生的例子。罗伯特·巴拉尼出生在一个犹太家庭，年幼时不幸患上骨结核病，由于贫困没钱根治，他的膝关节最终落下残疾——永久性僵硬。父母为儿子感到伤心，巴拉尼当然也痛苦至极。然而，尽管当时只有七八岁，但他却懂得把自己的痛苦隐藏起来，他对父母说："你们不要为我伤心，我完全能做出一个健康人的成就。"听到儿子的这番话，父母悲喜交集，抱着他泪流满面。

　　从此，巴拉尼狠下决心——一定要证明自己不比别人差！父母为儿子的坚强、"好胜"大感欣慰，他们每天交替接送巴拉尼上下学，10余年风雨不辍！巴拉尼也没有辜负父母的心血，没有忘掉自己的誓言，从小学至中学，他的成绩一直在同年级学生中名列前茅。

　　18岁时，巴拉尼考入维也纳大学医学院，并最终获得了博士学位。大学毕业以后，作为一名见习医生，他留在了维也纳大学耳科诊所工作，由于工作努力，颇受该大学医院著名医生——亚当·波利兹的赏识。于是，波利兹对他的工作和研究给予了热情的指导。此后，巴拉尼对眼球震颤现象进行了深入研究和探源，经过多年努力，他发表了题为《热眼球震颤的观察》的研究论文。这篇论文的发表，受到了医学界的广泛关注和认同，耳科"热检验法"就此宣告诞生。在此基础上，巴拉尼再度深入钻研，通过实验最终证明——内耳前庭器与小脑有关，从此奠定了耳科生理学的基础。

　　后来，著名耳科医生亚当·波利兹病重，他将自己主持的耳科研究所事务及维也纳大学耳科医学教学任务，全部交给了巴拉尼。繁重的工作给了巴拉尼很大压力，但他没有畏惧，他在出色完成工作之余，仍继续着对自身专业的深入研究。几年以后，巴拉尼先后发表了《半规管的生理学与病理学》、《前庭器的机能试验》两本著作，基于他在科研领域的突破性贡献，奥地利皇家决定授予他爵位殊荣。再后来，巴拉尼又荣获了诺贝尔生理学及医学奖。

巴拉尼一生共计发表科研论文184篇，曾医治好诸多耳科绝症患者。为纪念他的卓越成就，医学界探测前庭疾患试验、检查小脑活动及与平衡障碍有关的试验，都是以他的姓氏命名的。

巴拉尼的起点如何？——家庭贫困且自幼残疾，其境况简直可以用"悲惨"来形容！然而，正是困境对于他的激励，才使其心生斗志，并最终取得了堪称伟大的成就。试想一下，假如没有贫困和残疾的刺激，他会怎样？或许会成为一个衣食无忧的平凡人。假如他在困境面前消沉退缩又会怎样？只能在贫困的深渊中越陷越深。幸运的是，他没有这样做，他在父母的帮助以及自己的努力下，用正确的生活态度和规律调整着自己的行为方向。这样，一条康庄大道出现在了他的眼前，将他引出困境，引向一条更有价值、更有意义的人生之路。

所以朋友，请改变你的心态。

请不要再抱怨自己的出身，别把它当成一种不幸。这或许更是一种历练，逆境虽然不能令每一个人成为巴拉尼，但它确实造就了很多生活中的强者，造就了很多成功人士。而我们现在所要做的，就是把"不幸"放下，努力成为他们之中的一分子。

请保持一颗乐观的心。事实上，就算你恼、你恨、你哭、你怨，既成事实也不能改变。而你唯一能改变的是你将来的命运。所以，我们需要秉持一种乐观的心态，向着自己的目标一直坚强地奋斗下去。不要让坏心态阻碍我们的成长，不要让坏心态阻碍我们的成功。事实上，没有什么能剥夺我们追求幸福的权利。

请保留那份斗志，我们要形成这样一种认知——在没有家庭背景、没有他人的帮扶下取得成功，这更令人欣慰。我们要激发的就是这种乐观地追求成功的心态，就把自己打造成一块顽强的石头。

请务必记住：出身平凡无所谓，起点低也没什么！这无非是一种磨砺，倘若你能像巴拉尼一样，将磨砺当成激励，用努力去挑战困境，你就一定能够得到别人的认可，令别人对自己高看一眼。

❖ 坚持下去！绝不允许自己有一点灰心丧气

不知大家是否读过这首诗——"咬定青山不放松，立根原在破岩中。千磨万击还坚劲，任尔东西南北风。"这是郑板桥借以形容成功人士的坚忍心的，读起来朗朗上口，颇为恰当。

相信很多人都喜欢别人用"百折不挠"来形容自己的坚忍，爱迪生所说的"我绝不允许自己有一点灰心丧气"，这就是"百折不挠"精神的一种表现。实际上，许多成功的取得何止"百折"！所以我们就需要有那种刚强的决心和韧性，这样才能经得起挫折，才能走向成功。正如居里夫人所言："人要有毅力，否则将一事无成。"英国文豪狄更斯也认为："顽强的毅力可以征服世界上任何一座高峰。"

对许多朋友来说，如果能像爱迪生那样"不允许自己有一点灰心丧气"，那么也能成为成功者，照样能迈向超级成功。用我国著名排球运动员郎平的话说，就是："要想成功，必须有超人的毅力。"

坚忍心要从小开始培养。倘若我们从小经受考验，注意培养自己的毅力，那么就可以期望在事业上同样能具备"绝不允许自己有一点灰心丧气"的精神。大体上说，要拥有"咬定青山不放松"的这种思想，我们需要这样去做。

1. "由易到难"

也就是说，培养坚忍的思想，最好先从难度小的事做起，以便取得马到成功之效，借此增强决心与信心。革命先烈恽代英说过："立志须用集义的功夫。余意集义者，即在小事中常用奋斗功夫也……如小处不能胜过，尚望大处胜过，岂非自欺之甚乎？胜过小者，再胜过较大者，再胜过更大者。此所谓集义也。"恽代英所说的"集义"，显然也是指培养和锻炼毅力的意思。

2. "择难而进"

一般说来，容易做到的事，对坚忍心的锻炼总是有限的。所以为了更好地培养和锻炼坚忍心，一方面我们需要从小事做起，由完成难度不大的事情起步；另一方面需要逐步提高难度，挑选做一些难度大的事情。《人性的弱点》一书作者卡耐基说："大胆地去做你所怕做的事情，并力争得到一个成功的纪录。""择难而进"得有耐心和恒心，"耐心和恒心总会得到报酬的。"

3. "挑战挫折"

正确对待挫折是培养和锻炼坚忍心的重要方面。"挑战挫折"要有对困难泰然处之的心态，把困难看作是成功路上谁都难以避免的问题。面对挫折最重要的是头脑冷静，不要因挫折而惊慌失措，更不可灰心丧气。同时要有对困难战而胜之的决心，即下决心与挫折较量一番，看看究竟谁战胜谁。一旦你在"战略"上将挫折视为"纸老虎"，在"战术"上将挫折看作"真老虎"，那你将会发现挫折或困难变得比它们当初出现时要渺小得多！

成功必须要有坚忍心，这听起来似乎在说多余的话。然而有许多人，恰恰没有让这些"多余的话"入耳、入脑，忽视了这类"老生常谈"，到头来一事无成。

医学史上曾有一种叫"606"的药。研制者试验这种药失败过605次，直至第606次才获得成功。试想研制这种药的人，只到几次、十几次或几十次，甚至605次便没有坚忍心，那非前功尽弃不可。

百折不回、锲而不舍正是"成在恒"的要求和表现。鲁迅先生早就说过："做一件事，无论大小，倘无恒心，是做不好的。"

"学贵有恒"这一说法，讲的也是坚忍心的重要性。当然，不光是读书，做任何事情欲成功却无坚忍心，恐怕难以见成效。一件事只要具备了成功的客观条件，那么其成败得失，与我们做事有无坚忍心及坚忍心的持久力是成正比的。有时候，事难成，可能就难在这个"心"字上。

美国生物学家吉耶曼、沙得等人，克服了重重困难，顽强地进行下丘脑激素的研究工作。他们需要在实验中一个一个地处理27万只羊脑，才能获得1毫克"促甲状腺释放因子"的样品。由于他们持之以恒、百折不挠，终于成功地发现了脑激素，共同荣获1977年诺贝尔奖。后来，当有人问起："什么叫坚忍不拔？什么叫持之以恒？"吉耶曼和沙得他们回答道："那就是逐个地分析100万只羊脑！"

忽冷忽热、时紧时松等，是有些朋友在成功征途上常犯的一种毛病。所以请你不要忘记：成在坚忍，贵在坚忍，难也在坚忍。所以，要尽快改掉缺乏坚忍心的毛病，说不定成功就在此一举！

清代画家郑板桥十分欣赏竹子那种"咬定青山不放松"的顽强意志和对自己的严格要求。抓而不紧，等于不抓。"严"，不仅是严格要求自己，而且要"咬定"不放，一抓到底。有些人追求成功时，往往存在浅尝辄止、虎头蛇尾现象。由于缺乏"严"字当头的作风，所以不会"咬定"成功目标不放。也有少数人在成功之路上刚有点进展，却又将兴趣转移他处。出现此种情况还与他们急于求成有关系。古人说："夫君子之所取者远，则必有所待；所就者大，则必有所忍。"其实，从"严"字出发，就应当舍得下功夫，严格要求自己埋头苦干。而这一点又往往是许多渴望成功的朋友忽视的问题。

如今在国外普遍受到重视的"磨难教育"，常常帮助青少年在艰苦环境中去追求成功。

所谓"磨难教育"，就是有意识地在青少年中设置一些困难，故意让他们遭受一点挫折，其目的是让受教育者在与困难或挫折作斗争中经受锻炼。"磨难教育"设置困难或挫折，不仅有生活和体能方面的，也有学习、工作乃至心理承受方面的。

其实，很多年轻的朋友更应该去接受这种"磨难教育"。因为刚踏入社会，我们要付出比别的年龄段更多的艰辛，正好借此去磨砺我们的意志，培养我们的勇敢、坚强、无畏的心理素质。

❖ 学会一个"挺"字

正所谓"宝剑锋从磨砺出，梅花香自苦寒来"。真正有远见的人，都能如狼一般在挫折与失败中保持自己的渴望与热情，不屈不挠，坚韧不拔，同时深谋远虑，厚积薄发。

其实，人这一生难免风雨飘摇，即便你不愿意，但磨难总是不请自来，找你的麻烦。谁想要成功，就必须做好经历磨难的心理准备，要有勇气迎难而上，在忍耐与坚持中等待成功。你每多付出一份忍耐、多付出一份坚持、多付出一份汗水，就增加一份成功的几率。

日本三百年德川幕府政权的开创者——德川家康自幼际遇坎坷，年仅 6 岁时，便被丰臣秀吉抓去当人质。丰臣秀吉交给了德川家康一个非常"艰巨"的任务——每日起床以后，先将丰臣秀吉的鞋放在怀中暖热，然后再亲自给丰臣秀吉穿上，这种工作德川家康一做就是 7 年。

13 岁时，丰臣秀吉大发善心，告诉德川家康："你可以回去了。"

于是，德川家康才得以恢复自由，结束做人质的屈辱生活。但丰臣秀吉并没有就此放过他，他派人监视德川家康，看看他在获释后到底做些什么。

走出丰臣府，德川家康一直没有回头，默默地消失在路口。

回到家以后，他就像什么也没有发生过一样，并不急于集结力量，聚兵复仇，而是过着非常有规律的生活。得到这一消息以后，丰臣秀吉放心了，也就再没有为难德川家康。

若干年后，丰臣秀吉归天，德川家康得知以后，立即集结军队，杀入大阪城，铲除了整个丰臣家族，并最终在 73 岁高龄时，彻底统一了日本。

看过这个故事，你是否觉得德川家康就像狼一样？在时机不成熟时，他始终隐忍，受尽屈辱，但心中的志向始终未变。一旦机会到来，他便痛下杀手、取而代之。遗憾的是，很多人在困难与挫折的轮番轰炸下，开始退却了，忘记了曾经的理想，放弃了曾经的坚持，不是退回原点便是裹足不前，这样的人注定与成功无缘！

卓越的人勇于坚持，而懦弱的人习惯放弃。对于预期目标，倘若你坚持，就有希望；倘若半途而废，最终自然无果。许多事情的失败，并不是因为能力上的欠缺，恰恰是因为少了忍耐与坚持的精神，因而影响了命运，留下了遗憾。

可见，人生需要一个"挺"字。所谓"挺"，就是遇到逆境，遇到困难，信念不失，像狼一样，即便牙被咬断，也要一边舔着伤口，一边盯着目标。

狼有毅力万事成，人无毅力万事崩，成功的秘诀可归纳为8个字：不屈不挠，坚持到底！但要做到这8个字，也并不容易。

首先，我们要记住，无论环境何其险恶，都要以积极的心态去面对，积极的心态能够使我们在面临恶劣的情形时寻求最好的、最有利的解决方法。换言之，在追求某种目标时，即使举步维艰，仍有所指望。事实也证明，当你往好的一面看时，你便有可能获得成功。积极思想是一种深思熟虑的过程，也是一种主观的选择。

其次，逆境中，我们要培养出审时度势、战胜困难的神经，而坚强的意志也只能在困境中练就。困境可以检验我们的品质。如果我们敢于直面困境，积极主动地寻求解决问题的办法，那么或迟或早，总会成功。如果我们被困难吓倒，灰心丧气，无所作为，那么即使困境局面消除，也难以走出失败的阴影。

再次，无论要承受多大的委屈，我们都要学会忍耐，忍人所不能忍，效狼之无所不能忍，眼睛始终盯着目标，默默积蓄力量，坚持到底，直到雄心实现为止！

一种坚忍的性格可以帮你渡过难关，一副坚韧的神经可以让你经受磨炼。成功之路从不平坦，在挫折中站起，在废墟中重建，只要心不死，志不灭，你就是一个顶天立地的人！

事实上，那些社会上的强者，都具有狼一般的韧性，面对长期的困境，他们的斗志始终不灭，凭着一副熬不垮的神经及一腔无所畏惧的勇气，振作精神，发愤图强，以求早日突破困境的牢笼。与其说他们的成功是速度的胜利，毋宁说是意志和恒心的胜利！

❖ 练恒心，这是接近成功的最好途径

有句名言说得好："事业常成于坚忍，毁于急躁。"的确如此，坚忍是所有卓越人物的共性。人生路上，我们能否获得成功，往往就在于：当目标确立以后，是不是可以百折不挠地去坚持、去忍耐，直至胜利为止。

其实，生活的现实对于我们每个人本来都是一样的。但一经各人不同"心态"的诠释后，便代表了不同的意义，因而形成了不同的事实、环境和世界。心态改变，则事实就会改变；心中是什么，则世界就是什么。心里装着哀愁，眼里看到的就全是黑暗；心里装着信念、装着坚忍，你的世界亦会随之光明起来。

刚强的心永远是成大事者的基本特质。天下的事没有轻而易举就能获得做成的，必须要靠刚强的心去征服。这是最基本的成功法则。一个人在成功之前，一定会遭遇到很多挫折，甚至遭遇某种程度的失败。在失败重重打击一个人时，最简单和最合乎逻辑的方法就是放手不干，大多数人都是这样想的，也是这样干的。

古今中外，众多的成功者并不是依赖机会或好运气，而是得力于他们那颗坚韧不拔的心。一个人要想成就一番大事业，都不可能一帆风顺。缺乏坚韧心是失败的主要原因之一，也是大多数人常见的共同弱点。但其实，这弱点是可以克服的。

这里有一个真实的故事。

朱威廉出生在美国南加州，父母都是上海人，经营着一家中餐厅，在经过最初的艰苦之后，生活变得越来越富足。大学之时，朱威廉攻读的是法律，出于对警匪片的喜爱，他从小就立志要当一名警察。终于，在大学末期，他前往洛杉矶当了一年的警察。不过，父母觉得这一职业太过危险，非常担心他的安全，所以更希望他能够回家继承家业。

然而，朱威廉并不喜欢经营餐馆，他觉得这种工作太过枯燥，与自己向往的生活相去甚远。而且作为一个男人，在自己家中做事，完全没有自我价值的体现，没有独立的感觉。所以，虽然为不使父母担心而放弃了警察职业，但朱威廉始终没有同意经营餐馆。

当时，中国正处于高速发展时期，许多外商都选择在中国投资。于是，1994 年，朱威廉带着 3 万美金来到上海。他想得很天真，以为来了就可以成就一番大事业。可到了上海他才发现，自己的想法竟是如此幼稚——别人投资动辄几十万甚至几百万美金，而自己只有区区 3 万。而且，他一到上海就住在了高级宾馆中，每晚至少要花费 200 美金。半年之内，朱威廉连续搬家，从五星到四星、三星、两星、一星、没星，最后落魄到租住一间 20 多平方米的旧民房，连空调都没有安装。这时候，他的口袋里只剩下了几千美金。

到了山穷水尽的时候，他也打过退堂鼓，觉得在中国做事业太难，人多，竞争也大。有一次，他都到了机场，甚至连行李业已办完托运。可坐在机场休息大厅里一想："就这么回去多没面子啊！"以前来自家餐馆吃饭的多是中国人，很多人都会大叫："我要回中国做生意去了。"但过了三四个月，再回来以后，就什么都不说了。在朱威廉看来，这些人就像是夹着尾巴逃回来一样，往往成为大家的笑柄。如果就这样回去，那岂不是和他们一样了吗？这会被朋友笑死的！

于是，在飞机起飞前，朱威廉又决定重振旗鼓，从头开始，背水一战！

创业之初，他只有一个 15 平米的办公室，一台从美国运来的苹果机，后来招聘了两名员工，有了一点小小的知名度。那时，朱威廉还亲自跑业务，并且一连做成了几笔小生意，有了成绩，他又在大学里招了几名员工。可是好景不长，他的业务经理挖了自家墙角，将大部分员工带走另起炉灶。朱威廉的账户里就只剩下两三百元人民币了。这件事给了他很大刺激，同时也给予了他极强的动力，他愈发努力起来。几年以后，他获得了"沪上直邮广告大王"的美誉，他的总公司设在上海，员工人数达 90 余名，此外，在北京、重庆，朱威廉又都设立了分公司。1997 年，他的公司成功加盟世界上最大的广告集团。

刚到上海时，朱威廉觉得中国的人文环境与美国文化背景差异很大，总是和人沟通不到一起去，他几乎没有朋友。一个人很孤独。于是，朱威廉经常在网上写些东西，开始的时候，只是放到其他网站上，后来就想拥有一个属于自己的、比较安静的"地盘"，可以让大家都来真诚地写点东西，互相交流一下。在这种想法的驱使下，朱威廉开设了"榕树下"网站，他先把自己写的东西放上去，后来，"路过此地"的人也开始投稿。这些文章一开始都是先投到他的信箱中，由他编辑好后再放到网站上，这样就可以控制稿件的质量。开始时，每天只有一篇、两篇，后来越投越多，多到每天接近上百篇。这样一来，朱威廉一下班就得回家进行更新，根本没有时间处理其他事情。有一次他去伦敦开会，在那里更新网站，结果花了 1000 多英镑。

长此以往不是办法，他决定成立一个编辑部。1999 年 1 月，"榕树下"编辑部正式成立，设有十几位编辑，原来都是"榕树下"的作者。当时他做梦也没想到，"榕树下"后来会成为影响网络文学发展的一个重要网站。朱威廉以自己广告公司的盈利来养着"榕树下"，仅在最初的半年，开支就超过了百万元，但他并没有后悔，因为"榕树下"的点击率、访问人数在成倍增长，越来越多的人喜欢上了"榕树下"。

作家王安忆曾说道——"榕树下"是"前人栽树，后人乘凉"，这让朱威廉非常感动，或许这正是对他坚持理想的一个最大赞誉。

开弓没有回头箭，箭镞一旦射出，必然是有去无回。人生同样如此，迈出脚步以后，若发现路上设有障碍，不妨绕过去或是另辟途径，但绝对不能后退到原点，这是我们做人必须奉行的一种坚持！

所以，别让外在力量影响你的行动，虽然你必须对压力作出反应，但你同样必须每天以既定方针为基础向前迈进。用你对成功的想象来滋养你的强烈的欲望，让你的欲望热情燃烧，最好能烧到你的屁股，随时提醒你不可在应该起来行动时仍然坐待机会。

《王竹语读书笔记》中写道："忍耐痛苦比寻死更需要勇气。在绝望中多坚持一下下，终必带来喜悦。上帝不会给你不能承受的痛苦，所有的苦都可以忍。"是的，一个人只要具备了坚忍的品质，便可以苦中取乐。若懂得苦中取乐，则必然会苦尽甘来。

那么，我们该如何培养自己的坚忍精神呢？大家可以这样做：

1. 确立坚定的目标。我们要知道自己想要的究竟是什么，一定要弄清弄明，这是第一步，而且也是培养坚忍精神最重要的一步。

清晰明确的目标是所有行动的动机，强烈的动机可以驱使我们去超越，从而迈过那些看似深不可测的沟壑。

2. 要让自己充满渴望。心中充满强烈的渴望，对实现目标拥有不可淡化的期盼，这样是比较容易形成恒心和毅力的，也更容易让我们将其坚持到底。

3. 自我激励。告诉自己：我有能力完成计划，有能力达成目标，不断通过这种自我暗示鼓舞自己，这样你便不会轻易放弃。

4. 对目标形成正确的认知。要确认自己的目标、计划是现实的，是以经验或观察为依据的，这样我们才更有信心坚持下去。倘若你的梦想只是白日做梦、凭空想象，那么恐怕你是很难实现的。

5. 寻求与他人的合作。万众一心，其利断金！与他人和谐互助，相互鼓舞，相互扶持，会增强我们的恒心和毅力，同时也更容易使我们的目标成为现实。

6. 集中心思。不要三心二意，一会儿觉得这个目标好，一会儿觉得那个事情棒，人只有把眼睛集中到一个点上，才能少走弯路，才能坚持在一条路上走下去，直到成功。

7. 养成良好的习惯。坚忍精神是好习惯的直接产物。倘若我们能够吸纳滋长心智的日常经验，并将其化为自身的一分子，那么我们就会在潜移默化中强迫自己采取正确的行动，并以此来对抗我们人生的最大敌人——恐惧。

倘若你能亲身去实践这些步骤，那么无疑是对你大有裨益的。可以说：

这些步骤，就是控制我们经济命运的步骤；

这些步骤，就是将我们的思想引向独立的步骤；

这些步骤，就是保证我们人生有所突破的步骤；

这些步骤，就是将我们心中梦想化为有血有肉的现实的步骤；

这些步骤，就是帮助我们建立坚韧精神，卸去恐惧，主宰挫折和冷漠的步骤。

你掌握了它们，则必然可以得到不一般的回馈；你能真正做到这些，无疑就等于给自己的人生备下了一份大礼。

最后提醒大家，不要忘记老祖宗的那句话："宝剑锋从磨砺出，梅花香自苦寒来。"我们必须认识到，宏图大业不是异想天开、一蹴而就的，不经一番风霜苦，就没有梅香扑鼻来。成大功、立大业者，都得经过艰苦卓绝的奋斗、不同寻常的忍耐，几乎可以这样说，任何人所能取得的成就，基本上都是在坚忍中一点一滴积累起来的。细节上渐渐积累，战略上目光长远，进取心百折不挠，方可替自己事业的成功奠下厚实的基石。

这做人的道理，就好比堆土为山，只要坚忍下去，终归有成功的一天。否则，眼看还差一筐土就堆成了，可是到了这时，你却歇了下来，一退而不可收拾，也就会功亏一篑，没有任何成果。所以说，只有勤奋上进，不畏艰辛一往无前，才是向成功接近的最好途径。

察人， 需要多方面、 多角度去考虑

其实人恰如一本书，只要我们能够掌握必要的阅读方法与技巧，我们就完全可以将人心当作书一样拿在手中阅读。于是，我们便可洞悉人的本性，进而能够用一种积极与自信的态度去面对芸芸众生。其实与人接触，我们可能在第一眼便窥出两分端倪，但要真正地去了解一个人，还需要我们多方面、多角度地去考虑。

❖ 辨别真相需退隐静观

狡猾的人善于分散他人心志，再加以打击。因为人的心志一旦分散，便很容易受挫，那些图谋不轨者善于隐藏其真实意图，本意是要独占鳌头，却常常甘愿暂居第二。他们下手害人的最佳时机不外是人人都看不见他们张弓搭箭的时候。所以，对于他人的阴谋诡计，我们一定要小心识破，要提防他们翩翩来去，伺机夺取其猎物。他们为了阴谋能最终得逞，往往要声东击西，往来周旋。他们如果做出表面上的让步，你切不可轻信松懈。有时，最好的办法是让他们明白，你早已识破他们的花招。

张扬的敌手未必险恶，难对付的是外表柔弱的奸邪之徒，因为他容易让我们因疏忽而遭暗算。

谨慎最能防备欺诈。若对方心思精细，你就更应小心。有人善于将他的事变为你的事。你若看不透他们的意图，很有可能就会被其利用。辨别真相需退隐静观，因而智者与谨慎者从不急于下判断。

东晋大将军王敦去世后，他的兄长王含一时感到没了依靠，便想去投奔王舒。王含的儿子王应在一边劝说他父亲去投奔王彬，王含训斥道："大将军生前与王彬有什么交往？你小子以为到他那儿有什么好处？"王应不服气地答道："这正是孩儿劝父亲投奔他的原因。江川王彬是在强手如林时打出一块天地的，他能不趋炎附势，这就不是一般人的见识所能做到的。现在看到我们衰亡下去，一定会产生慈悲怜悯之心；而荆州的王舒一向保守，他怎么会破格开恩收容我们呢？"王含不听，于是径直去投靠王舒，王舒果然将王含父子沉没于江中。而王彬当初听说王应及其父要来，悄悄地准备好了船只在江边等候，但没有等到，后来听说王含父子投靠王舒后惨遭厄运，深深地感到遗憾。

有的人往往欺下罔上，无恶不作：在强者面前奴颜卑膝，阿谀奉承；在弱者面前却盛气凌人，横行霸道。他们以柔来掩盖真实的丑恶嘴脸，让人看不到他的阴险毒辣，然后趁你不注意狠狠地戳你一刀。这才是最可怕的。宦官石显虽不能位列三卿，但也充分利用皇帝对他的宠信而日益骄奢淫逸，滥施淫威。在皇帝面前他却显出一副柔弱受气的神态，不露一点锋芒，以博得皇帝的同情和信赖，借此却又更加胡作非为。严嵩是一代奸相，可谓赫赫有名，他在皇帝面前往往是以忠臣的面孔出现的，总是显得比谁都忠于皇上忠于朝廷；而在皇帝背后却欺凌百姓，玩弄权术，恶名昭著。

日常生活中有的人总是毕恭毕敬的模样，并且始终运用赞美的语气。因此，初识之际，对方往往感觉不好意思。但是，交往日久，就会察觉这种人随时阿谀的态度，而致厌恶。

据心理学家观察了解，这种类型的人的幼年期，多数受到双亲严厉且不当的管教，以致在心中有所欲求时，就受到内在自我的苛责。久而久之，这些积压的情绪经过自律转化，就现形于表面。这样的表象，是他们所自知的，却是难以修正的，因为借着毕恭毕敬的态度，他们才能平衡内在的心理，并且欲望压抑益深，态度益甚。也就是说，他们外表的恭敬，并非内在的反映。

这种人常常过分使用不自然的敬语，常是敌意、轻视、具有警戒心的表示。因为常识告诉我们，双方关系好时是用不着过多恭敬语的。比如：贵府的千金真可爱！你丈夫又那么健康，实在令人羡慕……这类口头的礼貌，并不完全表示对你的尊敬，也可能是表示一种戒心、敌意或不信任。

公允地说，毕恭毕敬的柔弱者，大多并非是什么恶人邪徒。之所以强调对他们的留心，是因为在他们柔弱的表象给我们带来安全感之时，混迹其中的居心不良者很容易偷袭得手。

由此可见，当我们与人打交道时，应该力戒松懈，小心测试他内心的意图，而绝不能掉以轻心，这样才不至于落入他人的陷阱。

❖ 透过细节看同事

生活中，每个人都承受着来自各方面的威胁。这些威胁绝大多数是隐性的，都是你很难体察到的。比如说你的同事，他们中的有些人对你的态度很和顺，有说有笑，你甚至已把他们当作了自己最亲近的人，把自己的所有情况，包括欢乐和悲伤，喜好和憎恶，都毫无保留地告诉了他们。但是，那些别有用心的人往往并不会对你报以真心，在透彻地了解你、洞悉你的弱点以后，却把它作为打垮你的利器，从而把能够构成他们的潜在威胁的你清除掉，这才是他们的目的，所有的一切都是一个圈套。而直到被他们打得落花流水，地位全无，一直沉浸在畅想之中的你才会如梦初醒。

围绕在你周围的人，或许都表现得对你非常友善、肝胆相照，并且信誓旦旦地要和你一起合作，共同创造一片新天地。面对这种情况，你也许会无所适从，因为你无法确定哪个是真的，哪个是假的。但是，如果你认真地观察体验，真假还是很容易鉴别出来的。

1. 对方在倾听你诉说的时候是报以真诚的同情和感慨呢，还是目光闪烁，有时出现若有所思的样子呢？如果是后者，那么对方很可能不是一个真诚待你的人。当然，这需要你去仔细观察他的言行并注视他的眼睛。

2. 仔细地回想一下，当你有意无意想结束自己的倾诉时，他是不是很巧妙地利用一些隐蔽性极强的问题重新打开你的话匣子呢？而且，你随后所说的内容又恰恰是容易被别人利用的东西。

3. 如果你偶然得知，有人总是在"不经意间"向你所亲近的人打听一些有关于你的消息，那么你最好留心观察他们。

4. 对方的有些笑容并不是很自然，而像是从脸皮上挤出来的。有时你觉得并没有丝毫可笑的地方，而对方却能够笑起来，这种人也要适当地多加注意。

如果有些东西你觉得实在忍不住，不吐不快，那么你要尽量找一个自己亲近的人诉说一番，比如你的父母、妻子甚至孩子。这会缓解你心中的郁结，减少情绪上的大起大落。

你在工作中随时都要面对着各种人，如何与这些人相处，怎样了解他们是何种性格的人，是摆在你面前的首要问题。

有些同事非常喜欢交换名片，即使在非正式场合，如公共汽车上、小吃店偶遇朋友，也要拿出一张名片，甚至到酒吧喝酒都不忘给服务员名片。这些人之所以如此，是因为他们在评价对方时，很容易受对方的工作、职位或学历等所左右，由于这种心理的投射作用，也喜欢在自己的名片上印自己喜欢的或认为别人会对自己另眼相看的各式头衔。当他们拿出名片交给对方时，便判断对方一定也会把自己捧得高高在上。从某种意义上说，这种人具有一定的自卑感。

有些同事喜欢毛遂自荐，即使明知自己无法胜任，他们也硬要推销自己。但有的人却恰好相反，明明有个让他们一展才华的机会，却退缩迟疑。后者看似谦虚，实则是因为他们害怕暴露自己的弱点。其实他们也有自己的理由，并非因为他们喜欢畏缩，只是这种人对自己太没自信了，但只要能够确认自己有能力，他们一定会着手办理，不须他人要求。更简单地说，这种人还没有彻底适应其工作场所。由于感受到现实与理想的差距，他们就会认定有许多困难存在，因而畏缩不前。

有些同事过于认真，若有人在他不在时顺手借用他桌上的东西，即使过后再放回原处，他一眼就能看出东西有人动过，会很不高兴地表现出来。这种行为，除了会令周围的人神经紧张外，他自己也会为此而苦恼。这些人很清楚自己过于认真的行为并不合乎常理。若从单纯角度来看，一定会认为既然他自己也知道不合常理，只要改正不就好了？可是问题是他们根本无法改变自己，如果他们中止了这些行为便会失去心理平衡。这种行为，是心理学上典型的"强迫观念"，有这种行为的人，常给别人一种神经质的感觉。

对于上班族而言，同事或许是我们除了家人以外接触最多的人，透过生活、工作中的细节，倘若我们能够对同事有一个全面的了解，我们就能与他们和谐相处。当然，这需要你更细致的观察与体会。

❖ 透过交流观对手

每个人的爱好、想法都不一样，所以我们经常遇到的对手也各不相同。

与人交流时，倘若能够明白对手属于何种类型，应付起来就比较容易了。现在列举几种类型供大家参考：

1. 傲慢无礼的人。有些人自视甚高、目中无人，时常表现出一副"唯我独尊"的样子。像这种举止无礼、态度傲慢的人，是最不受欢迎的典型。但是，当你不得不和他接触的时候，你该怎样对付他呢？

某单位的一位负责人，说话虽然客气，眼神里却有些许的傲慢，且不带一丝笑意，这种人实在是很不好对付的，当初次会见他的时候，给你的感觉是有一种"威胁"的存在。

对付这一类型的人，说话应简洁有力才行，最好少跟他啰唆，所谓"多说无益"，因此，你要尽量多加小心，不要给自己招来不必要的麻烦。

不要认为对方对你很客气，就礼尚往来地待他，实际上，他多半是缺乏真心诚意的；你最好在不得罪对方的情况下，言辞尽可能做到"简省"。

当然，任何一个人都有自己的立场和苦衷，这位负责人可能自觉"怀才不遇"，或怨恨自己运气不好、无法早点出头。因此，我们只要同情他，而不必理会他的傲慢，尽量简单扼要地交流就可以了。

2. 沉默寡言的人。与不爱开口讲话的人交涉事情，实在是十分吃力的任务。因为对方太过于沉默，根本就没办法去了解他的想法，更无从得知他对自己是否具有好感。

曾有一位新闻记者，为人沉默寡言，怎么看也不像是个记者。无论你与他说什么，他总是以沉默作答，你真是拿他没有办法。当有人给他介绍广告客户的时候，他也只是淡然地说声："哦！是这样啊。"然后手持对方名片，呆呆地看着。

对于这类型的人，你最好采取直截了当的方式，让他明白表示"是"或"不是"，"行"或"不行"，尽量避免迂回式的谈话，你不妨直接地问："对于甲和乙这两种方案，你认为谁的方案比较好？是不是甲的方案好些啊？"

3. 死死板板的人。这类型的人，就算你很客气地与他打招呼、寒暄，他也不会作出你所预期的反应来。他一般不会注意你在说些什么内容，甚至你会怀疑他听进去没有。

与这种人打交道，刚开始多多少少会感觉不安，但这实在也是没有办法的事情。遇到这样的情况，你就要花些工夫，仔细观察，注意他们的一举一动，从他们的言行中，寻找出他们所真正关心的事情来。

你可以随便和他们闲聊，只要能够使他回答或产生一些反应，那么事情也就好办了。接下去，你要好好利用这一话题，让他们充分表达自己的意见。

每一个人都有他感兴趣和所关心的事，只要你稍一触及，他就会滔滔不绝地说，此乃人之常情，因此，你必须好好掌握并利用这种人性心理。

4. 顽固不通的人。顽强固执的人是最难应付的，因为不论你说什么，他都听不进去，只知道坚持自己的意见，死硬到底。与这种顽固分子交手，是最累人且又浪费时间的一件事，而结果往往徒劳无功。所以，在你和他交流时，千万要记住"适可而止"，否则，谈得愈多、愈久，心里也就愈不痛快。

对付这类型的人，你不妨及时抱定"早散"、"早脱身"的想法，随便敷衍他几句，不必耗时、费力，自讨没趣。

5. 草率决断的人。这种类型的人，乍看好像反应很快，他经常在交流进行至最高潮的时候，忽然妄下决断，予人"迅雷不及掩耳"的感觉。由于这种人多半是性子过于急躁，因此，有的时候为了表现自己的"果断"，决定就会显得随便而草率。

由于他们的"反应"太快，每每会对事物产生错觉和误解。其特征是：没有耐心听完别人的谈话，往往"断章取义"，自以为是地作出决断。

如此虽使交涉进行较快，但草率作下的决定，多半会留下后遗症，招致意料不到的后果。

假如遇到此类型的人，最好按部就班一步一步来，把谈话分成若干段，说完一段（一部分）之后，马上征求他的同意，没问题了再继续进行下去，如此才不致发生错误，也可免除不必要的麻烦。

6. 深藏不露的人。我们周围存在着很多深藏不露的人，他们不肯轻易让人了解其心思，不愿让人知道他们在想些什么，有时甚至说话不着边际，一谈到正题就"王顾左右而言他"。

当遇到这样一个深藏不露的人时，你只有把自己预先准备好的资料拿给他看，让他根据你所提供的资料，作出最后的决断。

人们多半不愿将自己的弱点暴露出来，即使在你要求他给出答案或判断的时候，他也会故意装作不懂，或者闪烁其词，使你对他有一种"高深莫测"的感觉。其实，这只是对方伪装自己的手段而已。

7. 行动迟缓的人。对于行动比较缓慢的人而言，最需要的就是耐心。

你与对方交流的时候，或许也常常会碰到这种人，此时你绝对不能着急，因为他的步调总是无法跟上你的进度，换言之，他是很难达到你的预定计划的。因此，你最好按捺住性子，拿出耐心，尽可能配合他的情况去做。

8. 自私自利的人。这种人心目中只有自己，凡事都将自身的利益摆在前头；如果要他做些于己无利的事情，他是不会考虑的。

他们始终在计算着自身的利益。正因为他们最看重数字，故有所坚持的，一定是自己的利益；至于其他事情，他们不会在意怎么做好它，只考虑怎样做才最省事。

但是，当我们不得不与其接触、交涉的时候，只有暂时按捺住自己的厌恶之情，姑且顺水推舟、投其所好。当他发现自己所强调的利益被肯定了，自然就会表示满意，如此，交流就会很快获得成功。

9. 毫无表情的人。人的心态和感情，往往会通过脸部的表情显现出来，故在与人交流的时候，表情往往可供作判断情况的工具。然而，有些人却是毫无表情可言的，也就是说，他的喜怒是不形于色的，这种人若非深沉，就是呆板。当你和这种人进行交流时，最好的方法就是特别注意他的眼睛和下巴。

常有人说："眼睛是会说话的"，诚然，眼睛是灵魂之窗，"观其眸子"，你自然可以知道他的心思。往往，你可以从对方的表情中，看出他对你所持的印象究竟怎样。

有时候，自己会过分紧张，连表情都不很自在，此时，你不妨看看对方的反应：是不加注意、无动于衷？还是已然察觉、面露质疑？留意他的眼神，你一定可以得到答案。

有时候，适度的紧张和放松，也可以在交际中形成一种理想的气氛或局面。只是，当你明白对方的反应是受自己的应对态度所影响，进而影响到交际的结果时，就不得不特别注意、研究一下自己的言行举止了，尤其是脸上毫无表情的人更应注意才行。

❖ 透过饮酒读朋友

酒是日常生活中人们必不可少的交流工具之一。酒过三巡，饮酒者状态百出。在与朋友饮酒时，仔细观察对方的酒癖，你便大致可以揣摩出对方是何种性格的人，由此便可依据对方的性格制定交往策略，这显然对你是非常有利的。

喝了酒老是喜欢喋喋不休、"吃吃"地傻笑的人。这种人性格内向，平时沉默寡言、彬彬有礼，一旦喝了酒就喋喋不休，不时露出真感情的话。这种人平时的人际关系一定是处于紧张的状态中。这种类型的人，一般大多数都具有韧性，一丝不苟，重视秩序，对待长辈必是采取毕恭毕敬的态度。对待其他人也是很认真的，绝不会开玩笑，总之，是个"正经八百"的人。但是，这种类型人的精神压力比较大，因此，会借酒来发泄其精神压力。反过来说，此类型的人若不借酒来发泄的话，压力就会积蓄在身体内。因此，当你知道自己喝了酒就有喋喋不休的毛病时，就尽量不要一个劲地工作，需培养些轻松的兴趣，多接触周围同事，平时要让自己过得乐观点。

酒后沉默不言的人。这种人性格外向，平日很活泼，很具行动力，是受大家信赖的人物。一旦喝了酒，反会很安静、很沉默，这表示他们强烈地想要扫除自己的判断，因此才会有这样的表现。在其心底深处，有着"现在我觉得一切还算顺利，但如果我就任此下去的话，难道就不会出问题？以后的情况我也许无法把握得住"的不安，而其心中的迷惘就会借酒发泄出来。

酒后到处活动，猛敲猛打，动作很大的人。这种人，性格刚烈，反抗心极强，有强烈的欲求不满或强烈的自卑感。这样的人不喜欢配合他人采取行动，假如强要他们配合他人来行动，就会产生一定的挫折感，而他们就会借酒来发泄此挫折感，比如，摔杯子、摔椅子等。他们常常会做出让周围人吃惊的事情，这点我们需要加强注意。

醉了就会哭的人。这种人性格内向，感情炽烈，待人接物放不开，常常压抑自己。既是个热情家，也是个浪漫主义者。具有强烈的自我意识，过分压抑自己强烈的感情。

喝了酒爱唱歌的人。这种人性格开朗活泼，自信，很有活力，极富冒险精神，随和。既有社交性又喜欢照顾人，是把工作和私生活分得很清楚的人。此种人很有发展前途，很值得人信赖且不惧失败，是会把自己的技术和个性发挥在工作上的人。但如果是属于在卡拉OK厅里拿到麦克风就不交给他人的类型的话，就另当别论了，这种人多是有着精神压力的"任性人"。

喝了酒喜欢跟人吵架的人。这种人性格外向，刚直，嫉恶如仇，有情有义，爱打抱不平，乐于交各种朋友，喜欢帮助弱者。可以说是个具有强韧行动力的热血汉子型人物。

喝了酒呼呼大睡的人。这种人性格内向、意志薄弱，心思比较缜密，优柔寡断，待人接物很放不开，没有主心骨，依赖性强，没有创新的激情，这可能是因为把太多精力花在注意周围事物变化方面的缘故吧。

喝酒时老劝他人的人。这种人性格外向，善于交际，希望对方和自己是相等的，属于保守且防卫本能强的类型。若是热心地劝异性（尤其是女性）喝酒，则是对异性有强烈的憧憬和具有支配欲的人。这种人不会把自己的想法强加给他人，而会尊重对方的立场，是思想很具弹性、很能体贴人的人。

喝酒时不断喊"干杯"的人。这种人性情冷漠，颇有心计，十分注意自身的仪表。听他的谈吐好像很懂事，其实却很固执。看起来很和蔼可亲，其实性格很可能很冷漠。

喝得再多也跟平时一样的人。这种人性格内向，谨慎认真，不太爱暴露出自己的缺点，因而有比他人更强的警戒心。总之，可以确定的是，此种人皆具有"小心翼翼"的性格。

喝到可能醉酒时就不喝了的人。这种人性情随和，心地善良，待人真诚，为人处世极有分寸，很会处理各种人际关系。他们喝酒绝不是为了一解口瘾，而是借着喝酒营造很愉快的气氛，这种类型的人富有协调力，在团体中最容易赢得众人的协助。

有特殊酒癖的人。这种人性格具有双重性，有时过于内向，有时又过于外向，有着很独特的性格。

❖ 透过妆容品女人

"爱美之心，人皆有之"，尤其是女人，对美更加情有独钟。但一个人的容貌是天生的，怎样才能看上去更漂亮呢？这就需要化妆。事实上，一个女人化什么样的妆，从某种意义上说也就是她性情的外露，如果你是一个男人，便可以通过观察身边女人化妆的方式来了解女人的心。

从来不化妆的女人不肤浅。她们更在乎的多是"清水出芙蓉，天然去雕饰"，她们追求的是一种自然美。这一类型的女人对任何事物都不局限在表层的肤浅认识上，而是更看重实质的东西。在她们心里有非常强烈的平等观念，并且不断地追求和争取平等。

喜欢时髦妆的女人，她们对新鲜事物的接收能力往往是很强的，但常缺少属于自己的独立的个性。她们缺少必要的对未来的规划，相对更热衷于今朝有酒今朝醉。她们的自我表现欲望强烈，希望自己能够引起他人的注意。

喜欢浓妆的女人前卫。她们自我表现欲望强烈，总是希望通过一种比较极端的方式吸引他人，尤其是异性更多关注的目光。她们的思想比较前卫和开放，对一些大胆的过激行为常持无所谓的态度。她们为人真诚、热情和坦率，虽然有时会遭到一些恶意的攻击，但仍能够尊重他人。

喜欢自然妆的女人单纯。这一类型的女人，她们多是比较传统和保守的，思想有些单纯，富有同情心和正义感。但有时不够坚强，在挫折和打击面前会显得比较软弱。为人很真诚，从来不会怀疑他人有什么不良动机。

　　长时间喜欢以同一模式化妆的女人现实。从很小的时候就开始化妆，并且多年来一直保持着同样的模式，这一类型的女人多有一些怀旧情结，常会陷入到过去的某种回忆当中，享受往昔的种种，但也能很快地走出来。她们比较现实，能够尽最大努力把握住目前所拥有的一切。她们为人真诚、热情，所以人际关系不错，有很多志同道合的朋友。她们很容易获得满足，但是有一点儿跟不上时代的潮流。

　　喜欢长时间化妆的女人有毅力。用很长的时间化妆，这一类型的女人是完美主义者，凡事总是尽力追求达到尽善尽美。为了实现自己的目标，她们可能会付出昂贵的代价，但并不怎样在乎。她们多有很强的毅力。她们对自己的外表并没有多少自信，所以在这方面会花费大量的时间、精力甚至是财力。但由于她们过分地强调外在的形象，总会给人造成一种相当不自在的感觉。

　　喜欢异国色彩妆的女人向往自由。喜欢化异国色彩比较浓重的妆的女人，她们多是有比较丰富的想象力的，身体内有很多艺术细胞，希望自己能够成为一个艺术家。她们向往自由，渴望过一种完全无拘无束的生活。她们常常会有许多独特的让人吃惊的想法，是个完美主义者。

　　任何时候都不忘化妆的女人不自信。无论在什么时候，哪怕是出门到信箱里去拿一封信或是一份报纸也要化一化妆的女人，她们多对自己没有自信，企图借化妆来掩饰自己在某一方面的缺陷。她们善于把真实的自己掩饰起来。

　　化妆特别强调某一部位的女人自信。在化妆的时候特别强调某一部位的女人，她们多对自己有相当清楚的认识，知道自己的优点在哪里，更知道自己的缺点在哪里，尤其懂得如何扬长避短。她们多对自己充满自信，相信经过努力一定能够实现自己的理想。她们比较务实，并不是生活在虚无缥缈的幻想中的一类人。她们在为人处世等各个方面都非常果断，并且能保持沉着冷静的态度。

喜欢淡妆的女人聪慧。喜欢化淡妆的女人，她们追求的目的是看起来说得过去就可以了，并不要特别地突出自己，这一点与她们的性格是很相符的。她们的自我表现欲望并不是特别地强，有时甚至非常不愿意让他人注意到自己。这一类型的人有很多都是相当聪明和智慧的，也会获得一定的成就。她们拥有自己的绝对隐私，并且希望能够在这一点上得到他人的尊重和理解。

适时停下追赶世界的脚步

　　随着社会节奏的加快，我们的生活越来越忙碌，不知从何时起，我们的感觉也越来越麻木，似乎已渐渐迷失在城市的水泥森林之中。是的，我们都在追寻某些东西，就那样毫不停歇地追逐……于是，我们经常因为赶路而忽视了身旁美景的存在。其实，适当的时候，我们真的应该停下追赶世界的脚步，看看你的身边，或许就有你想要的幸福；或许你就会发觉，自己已经拥有了很多东西。

❖ 不要刻意追求完美

　　很多时候我们不开心、不惬意，并不是有谁得罪了我们，而是我们总是存有这样或那样的不满足，我们根本没有看到自己幸福的一面。似乎，这世界上的每一个人都在潜意识中竭力追求着完美，但遗憾的是，我们迎来的却是一个又一个的不完美。将完美当作理想的寄托点，本无可非议，但若过分执着于完美，就一定会让自己彻底迷失，因为理想中的完美绝对是虚无缥缈的，任何一种真实的事物都有它不可避免的缺陷。

我们之中有许多人在年轻时，都倾向于为自己、为未来、为世界设定一个心目中的完美形象，而不肯承认现实是什么。不论自己有多能干，事业有多么成功，我们总是觉得和自己的理想还有差距，因而我们总是处于不满足的状态。于是，为了认定自己能否符合心目中的完美形象，我们总是在不断提高自我要求，却从来没有想过自己只是在追赶幻影。

古代西方有则流传很广的故事：德尔斐传"神谕"的女祭司告诉苏格拉底的朋友说，苏格拉底才是人间最聪明的人。苏格拉底感到自己并不聪明，于是去证实这个"神谕"。他到处去找有知识的人谈话，其中有政治家、诗人、工匠等。结果证明这些人并没有知识，因而发现"那个神谕是不能驳倒的"，于是，他反省自问：自己的聪明究竟表现在哪里？他觉得自己其实很无知，因而推论到"自知自己无知"正是聪明之所在。

无独有偶，咱们东方的道家老子也言："知不知上，不知知病。"意思是说，自知自己不知才是最上等、最聪明的人；相反，自认为自己博学多知甚至能智胜天下者，那倒可能是真糊涂了。与此同理，我们能接受自己的不完美，那样，生活才能趋于"完美"；如果说我们一味地去挑剔自己、挑剔生活，那样，人生是无论如何都不会呈现出"美"的。因为绝对的完美主义者，他们的内心不可能平和。换言之，他们对事物的一味理想化要求，导致了内心的苛刻与紧张，内心的紧张又使他们更加苛刻地要求自己。所以，完美主义与内心放松满足相互矛盾，两者不可能融入同一个人的人格，那么，也就不可能体会到由满足所带来的幸福。现在不会，如若不改变这种心理状态，将来也不会。

我们应该知道，事物发展总是遵循着自身的规律，即便不够理想，也不会单纯因为人的意志发生改变。如果说有谁试图使既定事物按照自己的要求发展变化而不顾客观条件，那么一开始就已经注定了失败。所以朋友们必须认识到，有缺陷并不是一件坏事。正确地看待自己的不足，有什么不好呢？有一个故事也许能让我们有所感触。

有个人对自己坎坷的命运实在感到不堪重负，于是祈求上帝改变自己的命运。上帝对他承诺："如果你在世间找到一位对自己命运心满意足的人，你的厄运即可结束。"于是此人开始了寻找的历程。一天，他来到皇宫，询问高贵的天子是否对自己的命运满意，天子叹息道："我虽贵为国君，却日日寝食不安，时刻担心自己的王位能否长久，忧虑国家能否长治久安，还不如一个快活的流浪汉！"这人又去询问在阳光下晒着太阳的流浪汉是否对自己的命运满意，流浪汉哈哈大笑："你在开玩笑吧？我一天到晚食不果腹，怎么可能对自己的命运满意呢？"就这样，他走遍了世界的每个地方，被访问之人说到自己的命运竟无一不摇头叹息，口出怨言。这人终有所悟，不再抱怨生活。说也奇怪，从此他的命运竟一帆风顺起来。

或许朋友们要说："我并不是不满，只是觉得人生还存在问题而已。"其实，当我们用挑剔的眼光去看待人生时，我们的潜意识已经非常不满了，我们的内心已然不能平静——一床凌乱的毯子、车身上一道划伤的痕迹、一次不理想的成绩、数公斤略显肥胖的脂肪……这些都能成为我们烦恼的原因，这表明我们心思已经完全专注于外物，失去了自我存在的精神生活，我们不知不觉迷失了生活应该坚持的方向，被苛刻掩住了宽厚仁爱的本性……这种状态肯定不能让它持续下去，因为这会给我们以及我们身边的人带来很大的伤害。所以我们必须认识到，人这一辈子就是在得与失之间轮回，任何事都不可能尽善尽美，我们完全没有必要太过苛求，苛求自己，苛求身边的人和事。

诚然，没有人会满足于本可改善的不理想现状。不过，我们不提倡苛求完美，但并不是说我们不可以去向往。我们当然可以让自己做得更好：让孩子健康成长；让父母老有所依；让朋友放心托付；让自己问心无愧。朋友们，幸福不就是这么简单吗？

❖ 想太多、求太多，太累

接下来我们再来说说财利。功名利禄这是人人都喜欢的，可是日日在病，财利无法受用，还要破费财利。所以一个人健康，便算是有大财大利的了。须知，有了健康才有求得其他一切的可能。

对于健康与事业、金钱、地位等方面的关系，我们可以做一个形象的比喻——如果"1000000000"代表我们全部美好人生的话，那么"1"就代表健康，而那些"0"则代表事业、金钱、地位、权力、快乐、家庭、爱情、房子……我们会发现，如果失去了健康的"1"，一切将等于"0"。只有拥有健康的身体，才能拥有并享用这些身外之物。健康是人生之根本。可以说，健康是人的幸福最重要的成分，人的幸福十之八九有赖于健康的身心。

已故美国好莱坞影星利奥·罗斯顿一次在英国演出时，因患心肌衰竭被送进了伦敦一家著名的医院——汤普森急救中心。因为他的疾病起因于肥胖，当时他体重385磅，尽管抢救他的医生使用了当时医院最先进的药物和医疗器械，但最终还是没有能够挽留住他的生命。他在临终时不断自言自语，一遍遍重复道："你的身躯很庞大，但你的生命需要的仅仅是一颗心脏。"

汤普森医院的院长为一颗艺术明星过早地陨落而感到非常伤心和惋惜，他决定将这句话刻在医院的大楼上，以此来警策后人。

后来，美国的石油大亨默尔在为生意奔波的途中，由于过度劳累，患了心肌衰竭，也住进了这家医院。一个月之后，他顺利地病愈出院了。出院后他立刻变卖了自己多年来辛苦经营的石油公司，住到了苏格兰的一栋乡下别墅里去了。在汤普森医院百年庆典宴会上，有记者问前来参加庆典的默尔："当初你为什么要卖掉自己的公司？"默尔指着刻在大楼上的那句话说："是利奥·罗斯顿提醒了我。"

后来在默尔的传记里写有这样一句话："巨富和肥胖并没有什么两样，不过是获得了超过自己需要的东西罢了。"

的确，多余的脂肪会压迫人的心脏，多余的财富会拖累人的心灵。因此，对于真正享懂得受生活的人来说，任何不需要的东西都是多余的，他们不会让自己去背负这样一个沉重的包袱。人如果想活得健康一点儿、自在一点儿，任何多余的东西都必须舍弃。金钱对某些人来说，可能很重要，但对某些人来说，一点也不重要。不要做金钱的奴隶，金钱不是万能的，它不能买到世间的一切。

何谓健康？一般而言，体魄强壮谓之健，平安无病谓之康，综合而言：身体强壮，平安无病就是健康。人皆喜欢健康，人皆希望健康，人皆需要健康。但如何获得健康？又如何才是真正的健康？

现代医学，将人之健康分为生理及心理两方面。身体无病，饮食正常，是生理健康；思想正常，行为合理，是心理健康。身轻体安，才是生理健康。至于心理，思想正常，行为合理，的确是健康。不过，问题是人的思想互异，究竟谁是正常，谁不正常？至于人的行为，又究竟是谁合理，谁不合理，由谁来评定？因为人世间的事，大都仅凭人的妄想，或情感执着的意念而定，既缺乏真理的基础，又无一定的准则，往往以众取胜，人皆如此便谓之"正常"，人皆如此，就算"合理"。

的确，精神对于人生是非常重要的，人生的幸福系之于人的精神，精神的好坏又与健康息息相关。这只要想想我们对同样的外界环境和事件，在健康强壮时和缠绵病榻时的看法及感受如何不同，即可看出。使我们幸福或不幸福的，并非客观事件，而是那些事件给予我们的影响和我们对它的看法。就像伊皮泰特斯所说："人们不受事物影响，却受别人对事物看法的影响。"一般说来，人的幸福十之八九有赖健康的身心。

所以，世间没有任何事比身心的健康更重要了。

❖ 比来比去不如接受实际

现代很多人其实蛮爱攀比的，却不知，人一旦有了比较心，便意不能平，终日惶惶于所欲，去追寻那些多余的东西，空耗年华，难得安乐。但很多人仍旧执迷其中，他们聚在一起就要攀比：比事业、比地位、比房子、比车子、比存款……于是，越比越急、越比越累。老实说，这种烦恼都是自找的！为何不让自己轻松一些？

是的，尽管我们都知道"人比人，气死人"的道理，可在生活中，我们还是要将自己与周围环境中的各色人物进行比较，比得过的便心满意足，比不过的便在那儿生闷气、发脾气，这其实都是我们的攀比之心在作怪，说白了还是虚荣心在那里作怪。有这种心理的人，会将别人的任何东西都拿来与自己的进行比较：家里住多大的房子、有什么样的车子、花钱的派头、地板砖的质地、孩子的学习，当然更多的就是比谁家住的、吃的、用的、玩的更阔气！

在我国历史上也常有互相攀比的故事发生。

北魏时期河间王琛家中非常阔绰，常常与北魏皇族的高阳进行攀比，要决一高低。家中珍宝、玉器、古玩、绫罗、绸缎、锦绣，无奇不有。有一次王琛对皇族元融说："不恨我不见石崇，恨石崇不见我！"而石崇本身就是一个又富贵又爱攀比的人。

元融回家后闷闷不乐，恨自己不及王琛财宝多，竟然忧虑成病，对来探问他的人说："原来我以为只有高阳一人比我富有，谁知道王琛也比我富有，唉！"

还是这个元融，在一次赏赐中，太后让百官任意取绢，只要拿得动就属于你了。这个元融，居然扛得太多致使自己跌倒伤了脚，太后看到这种情景便不给他绢了，被当时人们引为笑谈。

南北朝时有一个叫符朗的官员，当时朝中官员们有一个习惯：用唾壶。符朗为了攀比、炫耀，让小孩子跪在地上，张着口，符朗将痰吐进去，攀比到了用孩子做唾壶的地步！

分析人之所以乐于攀比不疲的原因，实际上是一个面子问题。

人生在世，但凡是个正常的人，多多少少都有些虚荣心，虚荣本来无可厚非，但虚荣过头之时便是让人讨厌之时。这攀比就是因过度虚荣而表现出来的一种让人讨厌的性格特征。

攀比有以下害处：

1. 令人情绪无常。当攀比之后，胜了别人，立刻情绪高涨，自大狂妄，以为天下唯有我是最了不起的。可是比得过甲，不见得比得过乙，不如乙的时候立刻情绪低落，感觉脸上无光，一点面子没有，恨不得找个缝隙自己钻进去。像元融，见别人的财富珍宝多过自己，立刻满脸忧虑，甚至都愁出病来。

2. 易伤害交际感情。人在社会中，必须与他人交往，如果你在群体中不是去攀比甲，就是攀比乙，在攀比之中会伤害和你交往的对象。比得过，你便轻视别人，看不起别人，从而不尊重别人，别人只能对你不置可否；比不过的，你会满含妒意，或造谣，或诬陷，对人用尽一切诋毁之手段，同样会伤害别人的感情，破坏良好的人际关系。大家最后都懒得与你来往。

3. 攀比易使人走上歧途。大多数人都希望扩大自己的财富，提高自己的名声。当你所使用的手段不是那么正大光明时，比如你通过贪污挪用、行贿受贿来扩大自己的财富，好去虚荣地攀比，那么总有一天你会锒铛入狱的。

很多人并不认为自己是攀比，而认为自己的花钱多、购物多、上档次、穿名牌、拿手机、玩掌上电脑是讲究生活品质，自诩自己的那些一掷千金、一掷万金的举动是"为了追求生活品质"！"为了讲究生活品质"！

实际上，那些真正讲究生活品质的人并不是体现在表面上，也不是纯粹表现在物质这个浅层次上，"讲究生活品质"只不过是为自己肤浅的攀比行为打掩护。你只要在镜中照一下自己眼角的那处不屑、那处自满，你就会明白"生活质量"不过是攀比、炫耀的代名词！事实上，这只不过是失去了求好的精神，而将心灵、目光专注于物质欲望的满足上。有些人误以为摆阔、奢侈、浪费就是生活品质，逐渐失去了生活品质的实质，进而使自己失去对生活品质的判断力，攀比着追逐名牌，追逐金钱，追逐各种欲望的满足。难怪他们在物质欲望满足之际，却无聊地在那儿打哈欠呢！无聊地在夜里互相攀比着烧钱玩！

但很多人还是在羡慕那些住大房子、开名牌车、穿着入时的人，以为那才是生活，那才是生活的本质，于是这些人不择手段地去追求，甚至到心力交瘁的地步。奉劝大家一句，如果你是一个攀比的人，一个试图攀比的人，那么请停下你的脚步吧，别让虚荣阻碍了你享受生活。攀比让你的虚荣心得到满足，可为了这满足你却付出了多大的代价：想方设法、不择手段、焦头烂额、心力交瘁，更大的代价是你忘了生活中还有比攀比更让人感到愉悦的事情。

我们要去创造自己的生活品质。真正的生活品质，是回归自我，清楚地衡量自己的能力与条件，在这有限的条件下追求最好的事物与生活。生活品质是因长久培养了求好的精神，从而有自信、丰富的内心世界：在外可以依靠敏感的直觉找到生活中最好的东西，在内则能居陋巷、饮粗茶、吃淡饭而依然创造愉悦多元的心灵空间。

其实，与别人攀来比去，最后除了虚荣的满足或失望之外，还剩下什么？有没有意义？是徒增烦恼还是有所收获？最后思考的结果即毫无意义。你感到无意义，自然就会停止这种无聊的行为。我们要知道，生活是自己的，只要自己过得开心、舒适就好，何必让有害无益的攀比损害自己的幸福呢？

❖ 别对自己太狠

每个人都有自己的抱负，这一点毫无疑问，而志存高远也无可厚非。但如果我们将目标定得太高，实现起来难度太大或者说根本实现不了，就会令自己郁郁寡欢，这俨然是在自寻烦恼。

的确，现代社会是个人与人激烈竞争的社会，现代社会也是个压力巨大的社会，我们为了在竞争中不被淘汰，就要不断提高对自身的要求，但上进归上进，我们还是不要给自己太大的压力。事实上，压力既是推动人前进的"推进器"，也会变成破坏人生的"定时炸弹"。

生活中我们也应该持有一颗平常心。过高地要求自己，需要我们拼尽全部的心力，也未必能够得到满足，这样，奋斗的过程只剩下压抑感和紧张感，乐趣全失。时间一久，内心便会产生无法排解的疲劳感，整个人就像被蛀空的大树，虽然外面看起来粗壮，稍遇大风雨就会拦腰折断。

人其实是一种很简单的生物，事情做成了就高兴，失败了就生气。既然如此，何必把要求定那么高呢？辛弃疾在《沁园春·戒酒》词中有两句话："物无美恶，过则为灾。"对自己的要求也是这样。严格要求自己，永不满足，不断上进，本是人生的进步动力，然而，给自己设下过高的目标，太过严厉地要求自己，能否达成目标不说，最起码会失去很多人生的乐趣。

股神巴菲特提到自己的行动指南说："我们专挑那种1尺的低栏，而避免碰到7尺的跳高。"在成为人上人的拼杀中，有几人能最终胜出？又有多少人夭折在了半路上？所以对我们来说，量力而行，不强求，不强取，过平常人的安稳日子，或许正是一种不错的选择。

有这样一位同学，他在高中时立下志愿，一定要考上名牌大学。他功课的底子并不好，为了能实现自己的愿望，他每天在别人还没起床的时候就去读外语；晚上别人都睡了，他还在做习题。课外活动一概不参与，同学一块玩更没他的影子。过重的学习负担不但给他造成了巨大的身心压力，还让他的性格变得沉闷、封闭。他就在紧张、疲惫中度过了高中生活。日后同学聚会，别人都聚在一块兴致勃勃地回忆当年的快乐时光，只有他一个人默默无语，因为他的高中生活除了紧张的学习，实在没剩下什么。

我们总不希望自己老去的那一天，生命中除了紧张的拼搏，便不剩下什么吧？那就放松一下自己。老话说得好，"能吃多少饭，就端多大碗"，我们过分地要求自己，希望以此鞭策自己不断前进，只会适得其反。马儿是要鞭打跑得才快，但是再健壮的骏马也要休息，倘若骑手不顾马命，一味鞭策，坐骑就有累死的危险。马儿如此，人又何尝不是如此呢？所以，把标杆降低点，对自己要求低一些，这样对我们来说或许更好。

当然，这里我们所说的降低要求，不是放纵堕落，而是希望大家对自身能力、对能力所能取得的成果、对什么是人生乐趣作出一个合适的判断与取舍。因为，漠视个人能力的局限，一味死撑，只会劳而无功；不比较奋斗成果和所得乐趣，你永远都不知道自己的奋斗值不值得。

只可惜，很多人就是那样偏执——他们对自己要求太高，近乎苛刻，常因小小瑕疵而自责不已。说起来，这样的人活得真的很累。其实，人生需要更多的是激励，而不是自我惩处。为减少我们生命中的负累感和挫折感，我们有必要降低对于自身的期望，如此，心情真的会舒畅许多。说到底，人生毕竟是旅途，不是谁设定好的竞赛。努力拼搏，就像在人生路上猛跑，降低要求就是放慢脚步，去看看路边的风景。终点撞线的荣光固然可羡，路边的风景也是同样地美丽，甚至比终点的光荣还有价值。

最后再提醒大家一句：人不是芝麻，不会越榨越出油，没有人可以无所不能，铁人也有疲惫的时候。

❖ 为大脑植入点"阿 Q 精神"

我们这些现代人，每每遇到困境之时，似乎总是会劝慰自己要乐观一点、要挺过去，可是，扪心自问，我们都能这样豁达吗？很多朋友不能，但是我们希望你能。

有时想想，我们似乎总与忧虑牵扯不清，十几岁时有淡淡的忧愁，二十几岁时会莫名地伤感，三十几岁时为事业愁眉不展，四十几岁时为儿女劳心伤肝，五十几岁……六十几岁……于是我们常常抱怨人生充满磨难，可是却忘记了没有人会一帆风顺到古稀之年。

生活快乐与否，这需要我们用心去经营。遇到开心之事时，我们当然要笑一笑；遇到犯难之事时，我们同样要笑一笑。想在这个世界上争取到幸福，说难很难，说容易也很容易，关键就看我们能不能保持一颗乐观的心。当我们将乐观规规整整地装裱在自己的心中，那么快乐之神就会常伴我们身边，他将为我们打开一个别样的世界，让我们为所拥有的一切感到满足，为自己正在经历的一切而倍感幸福。

其实我们之中那些幸福者与不幸者之间的差别就在于：前者始终用最积极的思考、最乐观的精神和最有效的经验支配和控制自己的人生，后者则刚好相反，因为缺乏积极思维，他们的人生是受过去的失败和疑虑所引导和支配的。他们徘徊在失败的阴影里，只能眼看着别人幸福地生活。

有这样一个寓言，很好地说明了这一点。

说是一对孪生兄弟，虽然长得极其相像，但性格却迥然不同。

哥哥天性乐观，看不出他有什么烦恼；弟弟却整日哭丧着脸，好像世界末日就要来临一样。

为使兄弟俩的性格综合一下，父亲给了弟弟一大堆玩具，而后又将哥哥关进马棚。过了一个小时，父亲前去观察这兄弟俩的动静，却发现哥哥正在不亦乐乎地挖着马粪，而弟弟则抱着玩具在哭。

"有这么多玩具陪你，你为什么还要哭呢?"父亲问弟弟。

"如果我玩这些玩具的话，它们就会变旧，有可能还会坏掉。"弟弟伤心地回答。

"为什么把你关进又脏又臭的马棚，你还这样高兴?"父亲转头问哥哥。

"我想看看能不能从马粪中挖去一只小马驹啊。"哥哥说完又跑进了马棚。

父亲长叹了一口气，从此放弃了改变二人的念头。

后来，这对兄弟长大成人，弟弟依旧那样悲观，他时常抱着半杯可乐发愁——哎，只剩下半杯了！哥哥还是那个乐天派，他会为发现半杯可乐而欣喜——感谢上帝，还为我留着半杯可乐！

再后来，弟弟一脸忧伤地离开了人世，他一生都没有开心过；哥哥走的时候，脸上则带布满了微笑，他一生都没有忧伤过。

看过这兄弟俩的一生，我们是不是该有所感悟？其实朋友们，开心也是一生，不开心也是一生，怎么样是舒坦，我们心知肚明，那为何还要给自己找不自在呢？咱们活着图的是什么？不就是个乐吗？其实这"乐"并不需要靠外界因素来满足，它就在我们心里，如果我们能看得开，做什么都会快乐。您说是不是？

事实上，幸福与快乐离我们根本就不远。我们之所以觉得它遥不可及，就是因为我们心态出了问题。我们总是习惯性地看向生活中不好的一面，用自找的苦恼来自己折磨自己，那么即使幸福就在身边，我们也不会察觉。

其实有些时候，我们不妨让自己有点阿 Q 精神。鲁迅先生在《阿 Q 正传》中，揭露了那个时代中国人的许多劣根性，但阿 Q 的精神胜利法，对于现代社会心理状态不佳的朋友们来说，却是大有裨益。换言之，我们不能改变现在的处境，但我们可以改变自己的心态。也就是说，我们没有钱去星级酒店消费，但一碟小菜、一壶老酒，我们同样可以自得其乐；我们买不起高档时装，穿不上裘皮大衣，但一件普普通通的羽绒服依然可以为我们遮风避寒；我们坐不上豪车，但我们同样可以在脚踏车上边骑边笑；我们住不上花园别墅，但我们同样可以在鱼塘边，一支竹竿，怡然自得。这就看我们懂不懂得安慰自己、开解自己。

我们拥有生命不容易，母亲怀胎十月辛辛苦苦把我们带到这个世界上，我们就应该好好珍惜她给予我们的生命权利。要好好地善待生命，体现出自己的生命价值。生命价值该怎样定义？它不在于我们能够创造多少东西、拥有多少东西，而是在于我们幸福指数的高低。我们活着，如果你认为自己在生命过程中得到了很大的快乐，那么你的人生价值就高；相反，如果说你创造了很多、拥有了很多，但你的内心被空虚、落寞所包裹，你感受不到快乐，那么你的人生价值就低。

人活着，不仅仅是为了物质生命的存在，更重要的是精神生命是否丰富多彩，这一点大家务必要想明白。所以在生命的旅程中，成功的喜悦，失利的沮丧，失意的彷徨，困境中的迷茫，都是我们必然的经历，而问题的关键在于我们能够从中感悟到什么，并且能不能解开个中心结，抖擞精神重新上路。这一切都取决于我们的心态调整。

阿Q精神胜利法的好处就在于，我们可以在无法完成某些心愿时告诉自己——这是命运；可以在失去爱情以后告诉自己——这是缘分；可以在喝着白粥、嚼着窝头的时候告诉自己——咸有咸的滋味，淡有淡的滋味；可以……总而言之，我们可以有很方法安慰自己，解开不快乐的心结，其实，要得到快乐并不难，只要我们在看到阴影的时候，及时将头转向另一边。

人，无论你的心情如何，还不是要和别人一样地活着？别人不会因为你的心情而改变自己、迁就于你，世界不会因为你的心情而发生改变。事实上，你是哭也好、笑也罢，没有人会理睬你，你只能自己照顾自己。所以说，如果你想活得好一点，那就让自己看开些，不管月圆还是月弯，都把它当成一种与众不同的美去欣赏，用一种自我调整的阿Q精神胜利法，美丽我们的人生，"傻乎乎"奔向生命的最高境界——快乐。

❖ 适当放松才是王道

曾听过这样一段话，窃以为颇值得我们深思——完不成的极限、遥不可及的梦想，就像是自己的影子，看起来虽然伸手可及，追起来就等于折磨自己，最后抓狂在自己的苛求中。不是吗？我们有时真的会为那些过高的梦想残忍地对待自己，最后弄得自己人也憔悴、心也憔悴。然而，这又何必呢？细想想，有些时候我们真应该放慢自己的脚步，学会在这个快节奏的世界中放松自己。

其实早在千年前，先贤孔子就曾经说过："张而不弛，文武弗能也；弛而不张，文武弗为也；一张一弛，文武之道也。"文、武，指周初贤君周文王、周武王。这段话是说：一直把弓弦拉得很紧而不松弛一下，这是周文王、周武王也无法办到的；相反，一直松弛而不紧张，那是周文王、周武王也不愿做的；只有有时紧张，有时放松，有劳有逸，宽严相济，这才是贤君周文王、周武王治国的办法。其实，治国如是，对待生活也应该是劳逸结合、张弛有度。

在我国东北地区的深山老林里，流传着这样一种说法：老虎是兽中之王，不过要论力气，它不如黑瞎子（狗熊）大。狗熊的生命力特别顽强，而且皮糙肉厚，一般的攻击根本伤不了它。可是山里面虎熊相斗，总是老虎得胜，为什么呢？

狗熊和老虎都是身高力大的猛兽，它们一旦打起来，就是几天几夜。老虎打累了、打饿了，或是战况不利，就会撤出战场，先到别处捕猎吃。等到吃饱喝足，歇过劲儿来，回来再找狗熊打。狗熊就不一样了，一旦开打，就不吃、不喝、不休息，老虎跑了它就打扫战场，碗口粗的树连根拔出来扔到一边，等着老虎回来接着打。时间长了，狗熊终究有筋疲力尽的时候，所以最后总是老虎打败狗熊。

老虎和狗熊打架的故事告诉我们，做事情不能追求一竿子插到底，一口气把所有问题解决。不肯放松自己，在坚强上进的表面下，就会隐藏着偏执与自我压抑的危机，导致身心不能健康。过于苛求自己的人，压力显然要比一般人大，内心显然要比一般人更焦虑，身心也就更容易不堪重负。这样的朋友应该有意识地给自己放放假，如果长期处在这种状态下，情绪得不到缓解，我们就很容易走上极端。不少人年纪轻轻就患上各种心身疾病，比如抑郁症等，就是过于苛求自己的结果。

希望朋友们能够明白，人生是个漫长的旅程，是马拉松长跑而不是百米冲刺。唯有张弛有度，才能持之以恒，把热情和精力保持到最后。这就像我们吃饭，如果每顿饭只吃一样东西，那么再好吃也会令我们反胃；同理，如果神经一直紧绷着，就算是我们是铁人，也会有崩溃的一天。先贤们倡导的"持之以恒"、"坚持到底"，并不是要我们耗尽最后一分精力和热情，而是鼓励我们屡败屡战、锲而不舍。这其中的差别大家要想明白。

西谚有云："只工作，不玩耍，聪明杰克也变傻。"那种把工作当成一切、一直工作不放松的人，我们称他们为"工作狂"。工作狂之所以把自己完全泡在工作里，不是因为他们热爱工作，更不能表明他们很有毅力。事实正好相反，工作狂中有一部分往往都是意志软弱的人。他们因为无法应付生活中的多种挑战，采取了逃避的办法，把自己埋在工作当中。所以，工作狂可能在工作上表现突出，但他们的生活却很少有能称心如意的。

真正有理智、有毅力的人，决不会是能抓紧而不能放松的人。他们有自信，所以能暂时放下心头的负担，去享受生活的乐趣；他们有智慧，懂得磨刀不误砍柴工的道理；他们有毅力，放松但不放纵。他们在奋斗拼搏和放松享受之间出入自由，游刃有余。

我们建议大家适当放松一下，并不是要否认紧张工作，而是要让大家在奔波疲惫之余能有个喘息的机会，静下来享受生活。有些朋友把人生目标树立得很高，希望功成名就，成为站立在金字塔尖上的人。可是，塔尖的容量是有限的，少数人的成功是建立在多数人的默默无闻之上的。于是，不免要伤心、要失落。其实细想想，这又是何必呢？不能成为第一，就坦然充当第二；不能爬到金字塔尖上，不妨就在塔中央看看风景。这也是不错的选择。

其实，生活的本真在于发现快乐、创造快乐、享受快乐。梦想如果能成真，那固然是好；梦想没能成真，也没有关系。我们不必过分苛求，不要紧绷着自己，学会放松，顺其自然，我们的心情才能豁然！老话讲"望山跑死马"，人生中，我们别让自己成为不停奔跑的马儿，适当放松才是王道，不然，人在天堂，钱在银行。

❖ 适可而止，见好就收

其实人生就像搓牌一样，一个人不能总是得手，一副好牌之后往往就是坏牌的开始。所以，见好就收便是最大的赢家。

因为"缘起"，因此人生有无限的机会、无限的力量、无限的潜能、无限的意义。可以说，人生就是一个"无限"。但是，我们也不能因为无限，就毫无顾忌，妄肆而为。有时候，更应该有个"适可而止"的人生。强开的花难美，早熟的果难甜，天地的节气岁令，总有个时序轮换。悬崖要勒马，尸祝不代庖，举凡吾人的行事，也要有个分寸拿捏。"适可而止"的人生，实在可以作为座右铭的参考。

在生活悲欢离合、喜怒哀乐的起承转合过程中，我们应随时随地、恰如其分地选择适合自己的位置。先贤说"贵在时中"，时就是随时，中就是中和，所谓时中，就是顺时而变，恰到好处。正如孟子所说的："可以仕则仕，可以止则止，可以久则久，可以速则速。"鉴于人的情感和欲望常常盲目变化的特点，讲究时中，就是要注意适可而止，见好就收。一个人是否成熟的标志之一是看他会不会退而求其次。退而求其次并不是懦弱畏难。当人生进程的某一方面遇到难以逾越的阻碍时，善于权变通达，心情愉快地选择一个更适合自己的目标去追求，这事实上也是一种进取，是一种更踏实可行的以退为进。古人说："力能则进，否则退，量力而行。"我们在前文也有强调，自不量力、一味逞能实在是我们经营人生的大忌，当我们在一种境地中感到力不从心的时候，退一步或许就是海阔天空。

其实，人生很需要讲究一下"恰到好处"，这是一种什么样的意境呢？就是"美酒饮到微醉处，好花看到半开时"。明人许相卿也说："富贵怕见花开。"此语殊有意味。言已开则谢，适可喜正可惧。做人要有一种自惕惕人的心情，得意时莫忘回头，着手处当留余步。此所谓"知足常足，终身不辱，知止常止，终身不耻"。宋人李若拙因仕海沉浮，作《五知先生传》，谓做人当知时、知难、知命、知退、知足，时人以为智见，反其道而行，结果必适得其反。

然而尘世间，君子好名，小人爱利，大抵如此。可叹，人一旦为名利驱使，往往身不由己，只知进，不知退。尤其在中国古代的政治生活中，不懂得适可而止，见好便收，无疑是临渊纵马。中国的君王，大多数可与同患，难与处安。所以做臣下的在大名之下，往往难以久居。故老子早就有言在先："功成，名遂，身退。"范蠡乘舟浮海，得以终身；文种不听劝告，饮剑自尽。此二人，足以令中国历史臣宦者为戒。不过，人的不幸往往就是"不能知足"。

人在世上，知足就能常乐，见好就收，才是真正的聪明。《红楼梦》中第一回就讲"因嫌纱帽小，致使锁枷扛"。这不就是贪婪的结果？曾听朋友说起这样一件事，颇觉有趣：他的姑婆，一位思想守旧的老人家，一生没有穿过合脚的鞋子，她那鞋总是最大号的。儿孙辈们不解，就问她，她是这样回答的："大鞋小鞋都花一样的钱，为什么不买大的？"

每每朋友说起这件事，总有一些人笑得直不起腰。但事实上，我们之中很多人就有姑婆这样的思想：明明身处不甚寒冷的南方，却偏偏要人给买貂绒大衣，结果显得那样不伦不类；明明肠胃不好，有人请吃海鲜就大快朵颐，结果身体受罪……这些人总是想着能多占就多占，其实只是被内在贪欲推动着，就好像买了特大号的鞋子，忘了自己的脚一样。事实上，无论买什么鞋子，合脚才是最好，不论追求什么，最好还是适可而止。

　　然而，放眼看世间：权力场上你争我斗，生意场上尔虞我诈，感情场上三心二意，股票场上得陇望蜀，最后往往都落得个鸡飞蛋打、人仰马翻，这就是不知见好就收的结果。正所谓"知止所以不殆"，人的欲望沟壑永远也填不满，谁若是一味地追求欲望，那么一生都不会体会到满足的幸福。

　　这世上没有常青树，也没有常胜将军。在人生这段旅程上，此一时有此一时的想法，彼一时有彼一时的境遇，环境在变，人就要随着应变，以求做出最好的自我调整。无疑，"适可而止，见好就收"的心态，更能令我们清晰地认知外界的这种变化。所以，朋友们不要把"适可而止，见好就收"当成是简单的退缩，它应该是一种随机应变、另谋出路的智慧。

　　换言之，那种懦弱的、不知进取之人，是绝不可能见好就收的，因为他们从不曾"好"过。对于我们而言，我们既然已经达到了"好"的程度，当然可以追求更好，但若精力有限，莫不如见好就收，没有必要让自己活得那么累。生活如是，追求如是，感情如是，欲望亦如是。

　　朋友们切记，大千世界，潮涨潮落，阴晴圆缺，成败得失，悲欢离合，万物自有其自身的发展规律，许多时候并不是人力所能转移的，如果我们固执于此，岂不是自己给自己添堵？"深信高禅知此意，闲行闲坐任荣枯"，看看这是一种多么洒脱的境界，做人做事若能及此一二，人生必是另一番皆大欢喜的大好局面。

❖ 顺其自然也是一种不错的选择

我们应该有这样一种认识，我们虽然无法决定生命的长度，但可以控制它的宽度；我们无法控制天气，但可以改变心情；我们无法改变容貌，但可以满面笑容；我们无法预知明天，但可以充实今天；我们无法一帆风顺，但可以不遗余力。其实人生亦如镜子，你怎样对它，它便怎样对你。

我们在生活中，也常常因为阅历不够，遭遇一些无法改变的事情。遇到这些事情，不要去硬拼，更没必要非弄个鱼死网破，因为鱼死了网也未必会破；也不必弄个玉碎瓦全，因为碎了的玉和瓦没什么区别，不如去顺应、去配合。

一位美国旅行者来到苏格兰北部。他问一位坐在墙边的老人："明天天气怎么样？"

老人看也没看天空就回答说："是我喜欢的天气。"

旅行者又问："会出太阳吗？"

"我不知道。"老人回答。

"那么，会下雨吗？"

"我不想知道。"

这时旅行者已经完全被搞糊涂了。"好吧。"他说，"如果是你喜欢的那种天气，那会是什么天气呢？"

老人看着美国人，慢慢说道："很久以前我就知道自己无法控制天气，所以不管天气怎样，我都会喜欢。"

既然控制不了，就选择去喜欢！不要固执地扛住不放，有时，"顺应天命"也是一种不错的选择。别为你无法控制的事情而烦恼，你要做的是决定自己对于既成事实的态度。

生活中发生的很多事情也许已将我们磨得失去了耐性，可是没有办法改变，又能怎么办呢？最好的办法，就把生活当成自己的爱人吧，在经受挫折时，就当是她在发脾气，不要与她计较，哄哄她也是一种生活的情调。

生活就是这样，当你没办法改变世界时，唯一的方法就是改变自己。

许多年前，一个妙龄少女来到东京酒店当服务员。这是她的第一份工作，因此她很激动，暗下决心：一定要好好干。她想不到：上司安排她洗厕所。洗厕所！说实话没人爱干，何况她从未干过这种粗重又脏累的活，细皮嫩肉、喜爱洁净的她干得了吗？她陷入了困惑、苦恼之中，也哭过鼻子。

这时，她面临着人生的一大抉择：是继续干下去，还是另谋职业？继续干下去——太难了！另谋职业——遇难而退？她不甘心就这样败下阵来，因为她曾下过决心：人生第一步一定要走好，马虎不得！这时，同单位一位前辈及时出现在她面前，帮她摆脱了困惑、苦恼，帮她迈好了这人生的第一步，更重要的是帮她认清了人生之路应该如何走。他并没有用空洞的理论去说教，只是亲自做给她看了一遍。

首先，他一遍遍地抹洗着马桶，直到抹洗得光洁如新；然后，他从马桶里盛了一杯水，一饮而尽，竟然毫不勉强。实际行动胜过万语千言，他不用一言一语就告诉了少女一个极为朴素、极为简单的真理：光洁如新，要点在于"新"，新则不脏，因为不会有人认为新马桶脏，也因为马桶中的水是不脏的，所以是可以喝的；反过

来讲，只有马桶中的水达到可以喝的洁净程度，才算是把马桶洗得
"光洁如新"了，而这一点已被证明可以办得到。

同时，他送给她一个含蓄的、富有深意的微笑，送给她关注
的、鼓励的目光。这已经足够了，因为她早已激动得几乎不能自
持，从身体到灵魂都在震颤。她目瞪口呆，热泪盈眶，恍然大悟，
如梦初醒！她痛下决心："就算一生洗厕所，也要做一名洗厕所最
出色的人！"

从此，她成为一个全新的、振奋的人，她的工作质量也达到了
那位前辈的高水平。当然，她也多次喝过马桶水，为了检验自己的
自信心，为了证实自己的工作质量，也为了强化自己的敬业心。

在生活和工作中，我们会遇到许多的不如意。比如，你是一个
刚毕业的学生，很喜欢编辑的工作，可是放在你面前的就只有文员
的角色；你正处于事业的爬坡期，你以为升职的名单里会有你，可
是另一个你认为不如你的人却取代你升了职……既然改变不了事
实，那么我们何不顺应环境，理清思绪，让自己重新开始呢？

要知道，没有人可以事事顺心如意，哪怕是古时的皇帝。所
以，别用你的固执去挑战生活的脾气，对于那些无力改变的事情，
我们不妨用积极的心态去接受它、去改变它，让它渐渐变成你想要
的模样。